KB144375

잠 못들 정도로 재미있는 이야기

나카무라 칸지 지음 | **남명관** 감역 | **김정아** 옮김

BM (주)도서출판 성안당

머리말

이 책은 일본문예사에서 2007년에 〈재미있을 정도로 쉽게 이해할 수 있는 비행기의 구조〉라는 제목으로 발행한 이래 많은 사람들의 귀중한 의견과 조언을 받아들여 새로이 전면 재검토하여 개정한 도서이다.

라이트 형제가 첫 비행한 이래 우리를 맞이하는 하늘에는 큰 변화가 없지만 비행기는 눈부신 발전을 이루었다. 특히 최근에는 컴퓨터 기술의 발전에 힘입어 급격하게 발전했다. 그러나 하늘을 나는 기본적인 부분은 라이트 형제의 첫 비행과 크게 다르지 않다.

그래서 어떻게 400톤이나 되는 비행기가 자유롭게 하늘을 날 수 있을까, 어째서 제트 엔진은 큰 힘을 낼 수 있는가. 어릴 적 가졌던 소박한 의문에 주안을 두고 가능하면 어려운 전문 용어는 사용하지 않고 엄밀함을 다소 희생하더라도 직감적 또는 감각적으로 이해할 수 있도록 이야기를 진행했다.

이 책이 비행기를 좋아하는 사람들에게 조금이나마 도움이 되기를 바란다.

나카무라 칸지(中村 寬治)

차례

비행기 잠 못들 정도로 재미있는 이야기

제3장

어떻게 자유롭게 하늘을 나는 걸까? 57

제 1 장

비행기는 어떻게 나는 걸까?

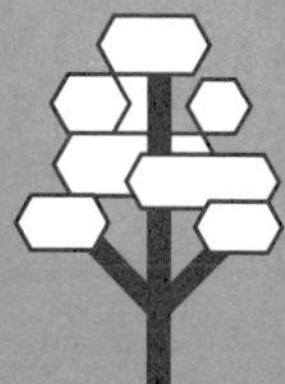
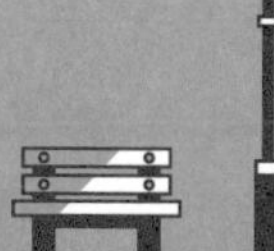

01 자동차와 도로, 비행기와 공기의 네 가지 힘의 관계

힘의 관계

공기에 속도 변화가 없으면, 비행기를 지탱해 주지 않는다

자동차가 도로 위에 정지해 있을 수 있는 것은 자동차에 작용하는 동력이 도로를 누르는 힘과 수직 항력이라 불리는 도로의 반작용에 의한 힘이 균형을 잡고 있기 때문이다. 일정한 속도로 주행하고 있을 때는 엔진에 의해 전진하는 힘과 도로의 마찰력과 공기 저항 등 항력이라 부르는 진행 방향과는 반대 방향으로 작용하는 힘이 균형을 이룬다.

이와 같이 자동차에는 중력, 도로의 반작용, 앞으로 나아가는 힘, 항력을 합한 네 가지 힘이 관여하고 있는 것을 알 수 있다.

비행기도 자동차와 마찬가지로 네 가지 힘의 관계로 성립된다. 그러나 도로와 달리 공기는 아무것도 하지 않으면 비행기를 지탱해주지 못한다. 중력과 균형을 이루기 위해서는 공기에서 힘을 받을 필요가 있다. 이 역할을 하는 것이 날개이다. 날개에서 만들어지는 힘을 양력이라고 하며 양력을 얻기 위해서 비행기는 계속 전진하지 않으면 안 된다. 비행기가 양력을 얻기 위해서는 앞으로 날아가야 하며, 날개가 공기를 가름으로써 공기의 반작용에 의해 양력이 발생한다.

더욱이 엔진이 만들어내는 앞으로 나아가는 힘을 추력, 공기가 저항하는 힘을 항력이라고 부르지만 자동차와 마찬가지로 같은 고도를 일정 속도로 비행하고 있을 때는 중력과 양력, 추력과 항력의 크기가 동일하게 작용한다.

비행기의 성능을 분석하기 위한 중요한 요소로 양력과 항력의 비인 양항비가 사용된다. 양력 250톤에 대해 항력이 14톤인 경우 양항비는 18이 된다. 이것은 비행기 무게의 18분의 1에 달하는 힘이면 비행 가능하다는 것을 의미한다.

자동차가 일정 속도로 주행 중일 때 네 가지 힘의 균형

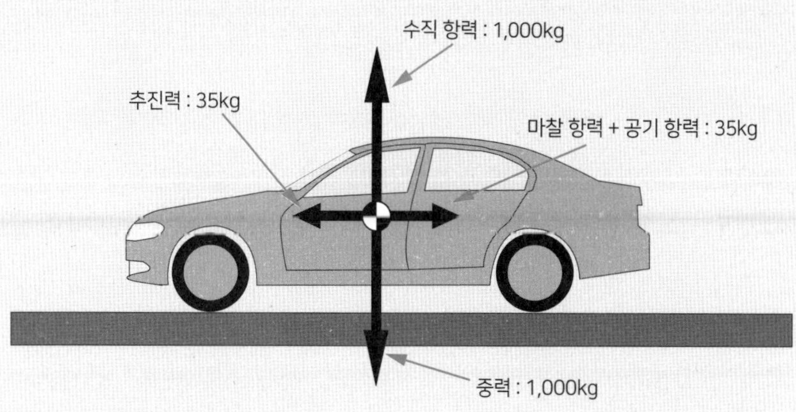

자동차를 일정 속도로 달리게 하는 힘은 자동차 무게의 약 30분의 1 정도인 것을 알 수 있다.

비행기가 일정 속도로 비행 중일 때 네 가지 힘의 균형

$$양항비 = \frac{양력}{항력}$$

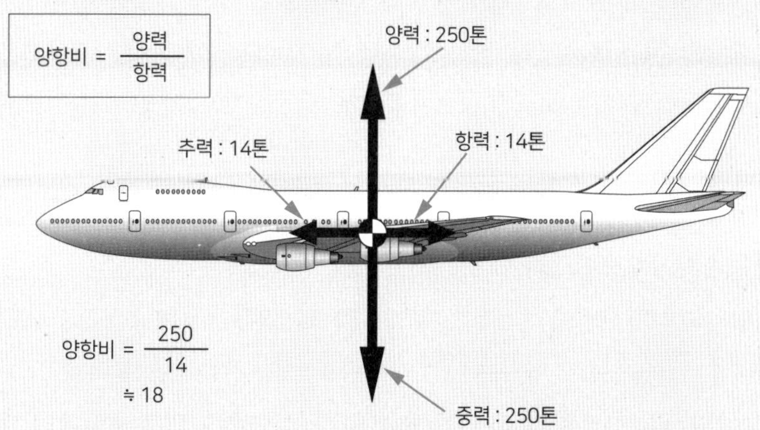

$$양항비 = \frac{250}{14} ≒ 18$$

비행기를 일정 속도로 날게 하는 힘은 비행기 무게의 18분의 1 정도인 것을 알 수 있다.

02 공기의 힘을 조사해보자 ①

힘의 관계

목욕탕의 타일에 흡반이 붙어 있는 이유

비행기를 지탱하는 양력과 항력의 크기를 알기 위해 우선 공기에 어느 정도의 힘이 있는지 알아보자.

물속에 손을 넣으면 압박감을 느낀다. 이 힘을 정압이라고 한다. 강과 같이 흐름이 있는 물에 손을 넣으면 압박감 외에도 후방으로 떠밀리는 힘이 느껴진다. 이 힘을 동압이라고 하며, 어렵게 말하면 동압은 접선 성분을 갖고 있고 크기는 손바닥의 방향, 흐름을 받아내는 형태에도 영향을 받는다. 그 증거로 연어는 강의 흐름을 가볍게 받아 넘기며 같은 장소에 유유히 자리하고 있다.

공기도 물과 같은 유체의 일종이므로 정압도 동압도 정의는 같다. 바람 등으로 동압을 느끼는 일은 있지만 정압은 있는지 없는지 알 수 없다. 왜냐하면 우리는 체내에도 1기압을 갖고 있기 때문이다.

1기압은 지상에서의 대기압을 말하며, 그 크기는 바닥 면적 1평방미터, 높이 10미터 이상의 물기둥의 무게를 지탱하는 힘으로 1평방미터당 약 10톤이나 된다.

그 힘의 크기를 실감할 수 있는 예로는 못을 박을 수 없는 목욕탕의 타일에 사용하는 흡반이 있다.

그림과 같이 흡반이 밀착해 있는 타일 쪽 공기압은 제로에 가까운 것으로 여겨지는 반면 바깥쪽에는 약 20킬로그램이나 되는 힘이 작용한다.

이것은 500밀리리터의 페트병 4개를 들 수 있는 힘이 필요하기 때문에 쉽게 제거할 수 없다. 그러나 타일 쪽에 공기를 넣으면 1기압으로 같아져서 간단하게 떼어낼 수 있다.

1기압의 크기

1기압의 무게를 공기, 물, 수은의 기둥으로 비교해보면 각각 그림과 같은 높이가 된다.

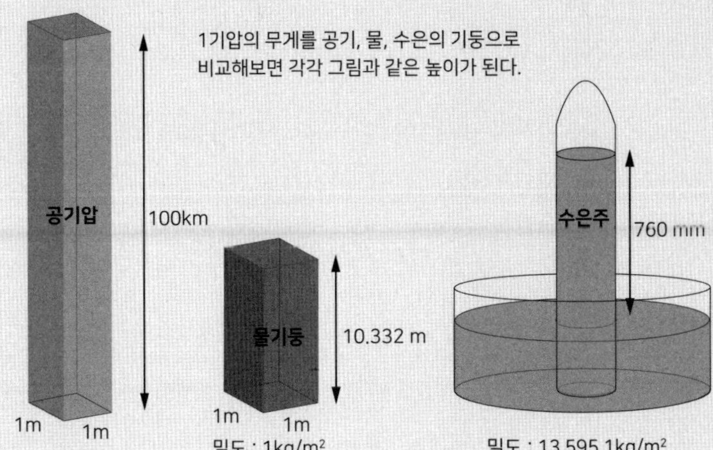

수은주의 무게 : 13,595.1 × 0.76 = 10,332kg/m^2
물기둥의 무게 : 10.332 × 1 = 10,332kg/m^2
공기 기둥의 무게 : 10,332kg/m^2

흡반과 공기압

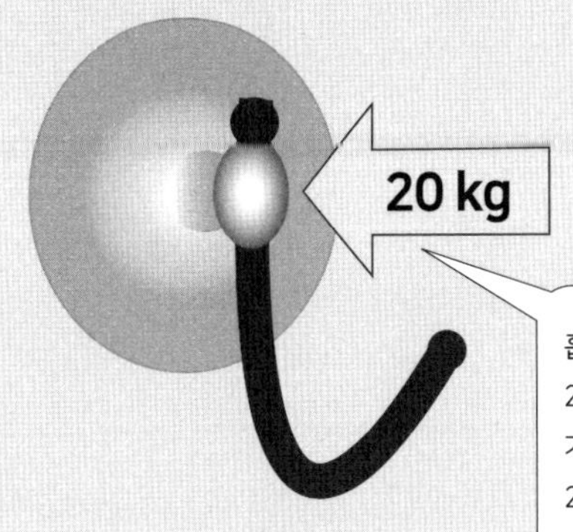

흡반의 반지름을 2.5cm로 하면 흡반의 표면적은
2.5 × 2.5 × 3.14 ≒ 20 cm^2
가 되므로 흡반 전체에 작용하는 힘은
20 cm^2 × 1 kg/cm^2 ≒ 20 kg
가 된다.

03 공기의 힘을 조사해보자 ②

힘의 관계

정압과 동압의 관계

세차할 때 등 호스의 끝을 손가락으로 잡으면 물의 세기가 커져 타이어의 오염을 쉽게 제거할 수 있다. 호스 입구에서 나오는 물의 양은 다르지 않는데 왜 물의 세기, 속도는 커지고 빨라지는 걸까?

호스의 끝을 잡으면 물줄기의 힘이 세지는 것, 즉 유속이 빨라지는 것은 동압이 커지기 때문이다. 단, 손가락으로 잡은 호수 끝 주변의 수압이 시작 지점의 수압보다 높으면 물은 흐르지 않는다. 그러나 실제로는 물은 힘차게 뿜어 나와 타이어의 오염을 확실히 제거해준다.

그 이유는 유속이 빨라지면, 바꾸어 말하면 동압이 커지면 정압이 작아져서 전체의 압력(전압)을 일정하게 해서 흐름을 방해하지 않기 때문이다.

동압이 커지면 정압이 작아진다는 사실을 에너지의 관점에서 생각해보면, 압력 에너지(정압)는 좁은 통로에서는 운동 에너지(동압)로 변화하지만 전체 에너지는 에너지 보존의 법칙에 의해 변화하지 않는다. 이것을 '베르누이의 정리'라고 하며 그림에 있는 식과 같다.

이상의 내용에서 물을 공기로 바꾸어 설명해도 마찬가지다. 예를 들어 바람을 정면에서 그대로 맞으면 뒤로 넘어질 것 같은 힘을 느끼는 것은 왜 일까?

바람의 속도를 신체가 받아내 멈춰 제로가 되므로 운동 에너지가 압력 에너지로 변환되어 받아낸 쪽의 정압이 커져서 뒤로 넘어질 것 같은 힘을 느끼는 것이다. 이처럼 동압은 흐름을 멈추어야 비로소 정압으로서 힘을 발휘한다.

정압과 동압의 관계

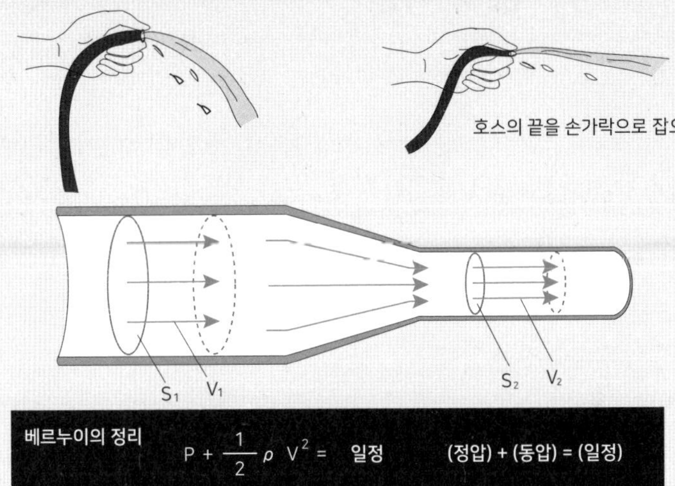

베르누이의 정리 $P + \frac{1}{2}\rho V^2 =$ 일정 (정압) + (동압) = (일정)

호스의 단면적을 S, 속도를 V, 손가락으로 압축한 출구의 단면적을 S, 속도를 V라고 하면,
시간 t 초당의 양 W

W = (공기 밀도) × (단면적) × (움직인 거리)

는 넓은 곳에서도 출구에서도 같으므로

$W = \rho \cdot S_1 \cdot V_1 \cdot t = \rho \cdot S_2 \cdot V_2 \cdot t$

가 된다. 여기에서,

$S_1 \cdot V_1 = S_2 \cdot V_2$(연속의 법칙)

정압을 P라고 하면

위치 에너지 = (압력) × (체적)

$= P \cdot S \cdot V \cdot t$

운동 에너지 = 1/2 × (질량) × (속도)^2

$= 1/2 \cdot (\rho \cdot S \cdot V \cdot t) \cdot V^2$

가 되지만 출구도 같아진다.
그리고 넓은 곳의 에너지 총합은 출구의 그것과 같으므로,

$P \cdot S_1 \cdot V_1 \cdot t + 1/2 \cdot (\rho \cdot S_1 \cdot V_1 \cdot t) \cdot V_1^2$

$= P \cdot S_2 \cdot V_2 \cdot t + 1/2 \cdot (\rho \cdot S_2 \cdot V_2 \cdot t) \cdot V_2^2$

가 된다. 여기서 연속의 법칙에 의해

$S_1 \cdot V_1 = S_2 \cdot V_2$

이므로, 양변에서 이 식과 t가 사라지고

$P + 1/2 \cdot \rho \cdot V_1^2 = P + 1/2 \cdot \rho \cdot V_2^2$

04 날개가 만들어내는 힘 '양력'이란?

힘의 관계

양력은 동압과 날개 면적에 비례한다

잉어는 물속에서 흐름을 가볍게 받아 넘기며 유유히 같은 장소에 머물러 있는 것이 가능하다. 그 이유는 유선형이라 불리는 형태에 있다. 잉어 주위의 흐름(유선이라고 한다)을 보면 좌우 대칭인 것을 알 수 있다. 흐름이 방향을 바꾸어도, 다시 말해 동압이 변화해도 좌우 모두 같은 크기이므로 힘이 균형을 잡는 것이다.

이렇게 말하는 이유는 동압의 균형이 깨지는 것에 의한 반작용이 힘을 만들어내고 동압이 커질수록 그 반작용력도 세진다고 생각할 수 있기 때문이다. 이 힘은 가까이에서도 경험할 수 있는데 가령, 숟가락의 볼록한 부분을 호스 구멍에서 나오는 물에 가까이 갖다 대면 어느 위치부터 갑자기 잡아당겨지는 힘이 작용한다. 볼록한 부분을 지나는 공기가 물에 가속되어 동압이 커지기 때문이다. 또한 종이의 위를 불면 종이가 들어 올려지는 것도 같은 이치이다. 그리고 그림과 같이 여러 가지 형태의 판을 각도를 달리해서 바람이 부는 조건에서 실험하면 가장 효율적으로 힘을 낼 수 있는 판의 형태와 판의 각도(앙각)가 있다는 것을 알 수 있다.

이처럼 동압의 변화에 의한 힘을 잘 이용하여 날개가 만들어내는 힘을 양력이라고 부른다. 여담이지만 잉어가 급류를 거슬러 올라가는 것은 강의 동압보다 큰 폭포의 동압을 이용하면 가능하지 않을까 생각한다.

이처럼 날개가 공기를 잘 받아 냄으로써 양력이 발생하지만 동압은 접선 성분을 갖고 있고 그 크기는 흐름을 받아들이는 형태, 즉 면적에 의존하므로 날개의 면적이 크면 큰 양력을 얻을 수 있는 것을 알 수 있다. 이점에서 양력은 동압과 날개 면적에 비례하는 것을 알 수 있다.

양력을 발생시키는 공기의 흐름

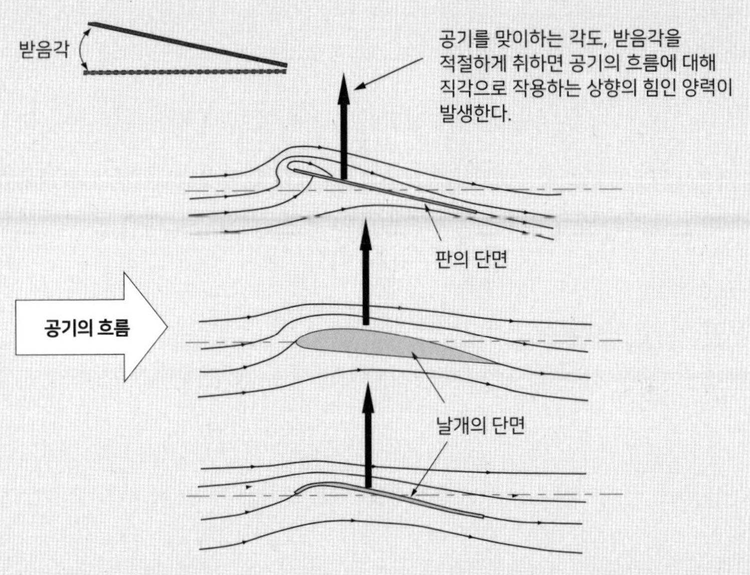

양력이 발생하지 않는 공기의 흐름

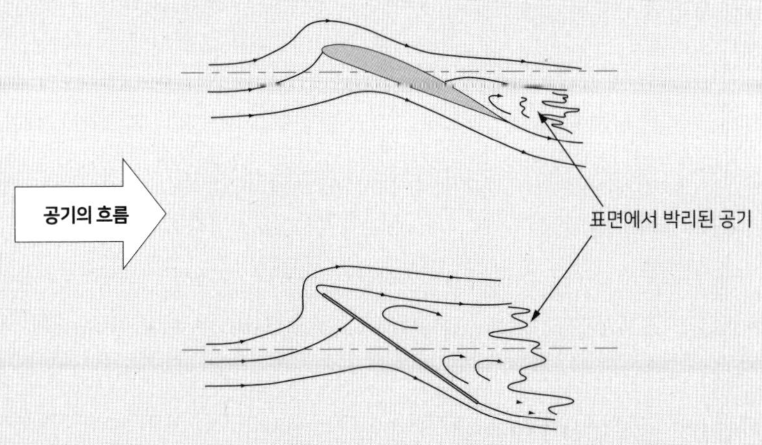

05 양력을 계산식으로 나타내본다

힘의 관계

양력=양력계수×동압×날개 면적

이번에는 다른 시각으로 날개가 공기의 흐름을 날개의 후방 아래 방향으로 바꾸어 그 반작용으로 발생한 힘이 양력이라고 생각하고 이야기를 계속해 보자. 그 반작용의 크기는 뉴턴의 제2법칙의

힘 = 질량 × 가속도 에 의해서,

양력 = 공기의 질량 × 바뀌는 가속도가 되지만

가속도 = 속도 ÷ 시간이므로

양력 = 공기의 질량 × 속도 ÷ 시간이 된다. 또한 시간은 공기가 날개의 길이를 통과하는 시간이므로

시간 = 날개의 길이 ÷ 속도가 된다. 그리고

공기의 질량 = 공기 밀도 × 날개의 체적 이며

날개의 체적 = 날개의 길이 × 날개 면적 이기도 하므로,

양력은 공기 밀도 × (속도)^2 × 날개 면적 에 비례하는 것을 알 수 있다. 양력계수를 비례계수라고 하면

양력 = 양력계수 × 공기 밀도 × (속도)^2 × 날개 면적 이 된다.

좀 더 단순하게 양력은 날개가 동압을 잘 받아내는 것에 의한 공기로부터의 반작용이라고 생각하면 날개 전체에 작용하는 힘은

동압 × 날개 면적이므로

양력 = 양력계수 × 동압 × 날개 면적 으로 표현할 수 있다.

이상을 정리하면 오른쪽 그림과 같은 식이 된다.

양력의 계산식

양력은 동압의 변화를 날개 면적으로 받는 것에서
양력은 (동압 × 날개 면적)에 비례한다.
양력계수를 비례계수로 하면 다음의 식이 된다.

(양력) = (양력계수) × (동압) × (날개 면적)

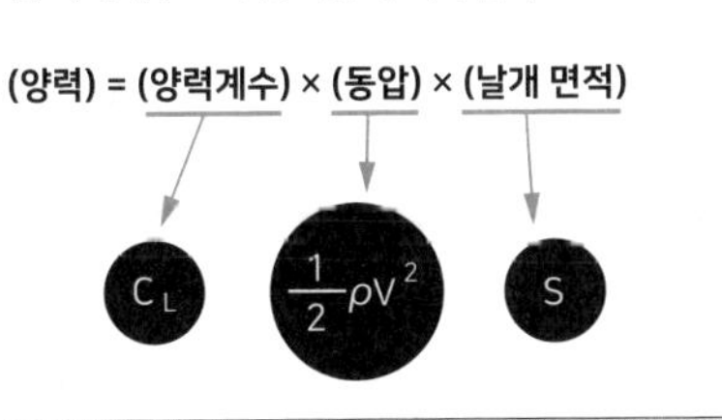

날개의 면적을 흐르는 공기와 양력의 크기

좌우 대칭인 날개는 받음각이 제로라면 좌우의 동압 변화가 같으므로 양력은 발생하지 않는다(예 : 수직 꼬리날개는 받음각 제로에 양력이 발생하지 않는 것이 좋다).

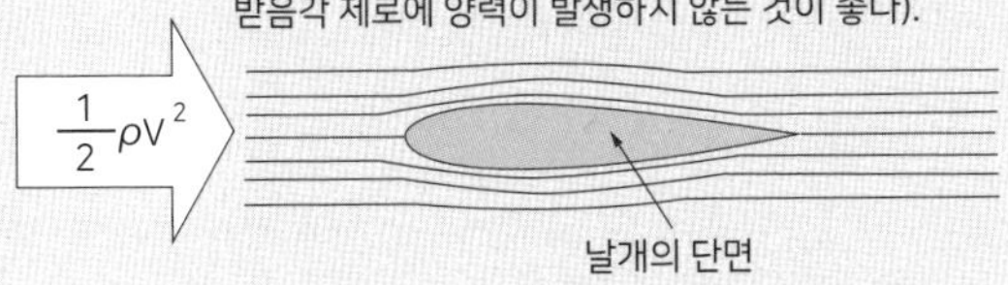

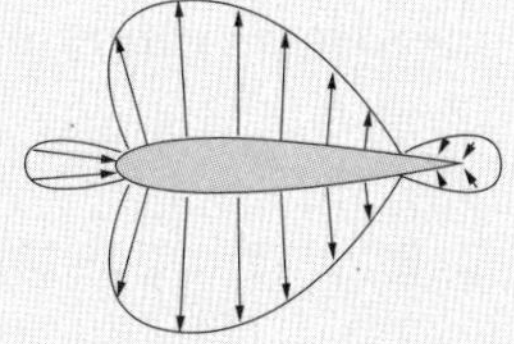

받음각이 작아지면 후방으로 휘어지는 정도가 작아진다. 식에서 생각하면 양력계수가 작아지기 때문에 양력은 작아진다.

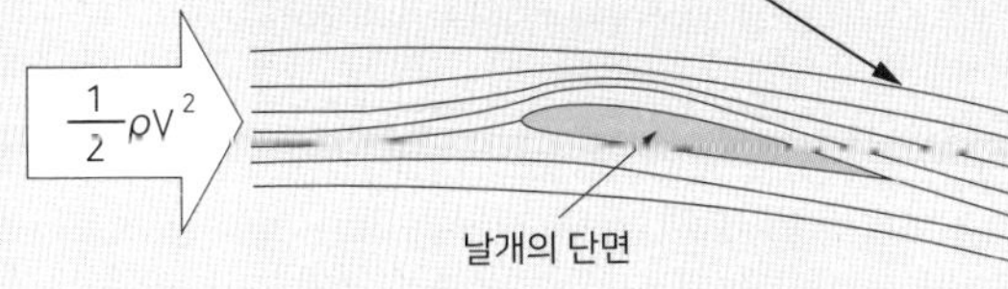

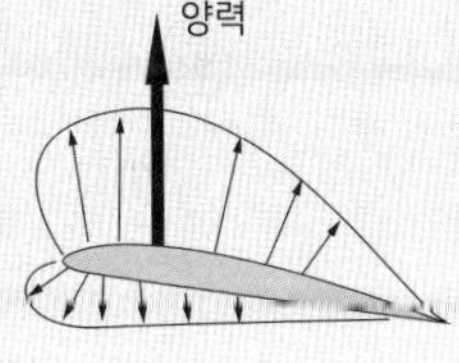

받음각을 크게 하면 후방으로 휘어지는 정도가 커진다. 식으로 생각하면 양력계수가 커지기 때문에 양력은 커진다.

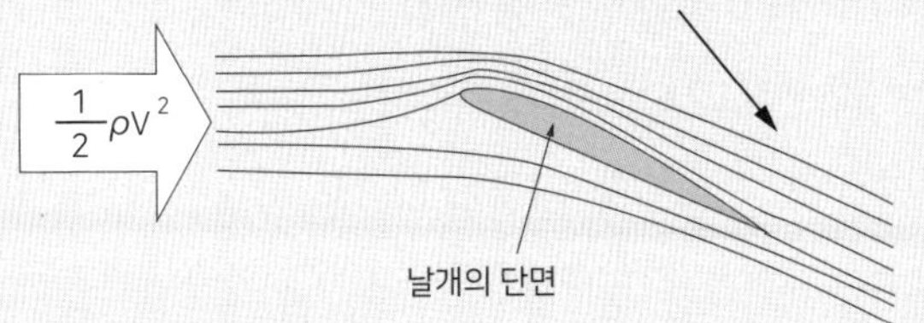

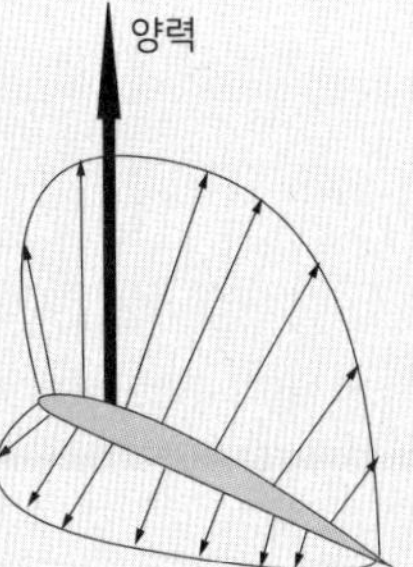

06 비행기가 공기로부터 받는 힘 '동압'

힘의 관계

진행 방향에 대해 직각으로 작용하는 공기의 힘은 양력. 대향은 항력

갈릴레오가 피사의 사탑에서 실험한 것처럼 어느 높이에서 물건을 떨어뜨린 경우 공기의 저항이 없으면 무게에 상관없이 낙하하는 속도는 같다는 것이 상식이다. 그 낙하 속도는 오른쪽 그림과 같이 매초 9.8미터 빨라진다. 이것이 중력에 의한 가속도이다. 공기의 저항이 없으면 가속도적으로 낙하한다(자유낙하).

가령 스카이다이빙을 할 때 다이브하고 나서 최초의 수초간은 중력의 가속도에 의해 가속한다. 하지만 수초 후에는 일정한 속도(엎드린 자세에서 약 시속 200킬로미터!)로 강하한다. 공기의 저항인 항력과 동력이 균형을 잡기 때문이다. 낙하산을 펴면 항력이 보다 커지기 때문에 착지했을 때 발이 접히지 않을 정도로 감속하여 항력이 적당한 크기를 유지하면서 천천히 하강하며 착지한다. 이처럼 물체가 공기 중을 고속으로 이동하면 공기로부터 힘을 받는다는 것을 알 수 있다.

비행기가 하늘을 나는 경우에 공기로부터 받는 힘은

· 진행 방향과 **직각**으로 작용하는 공기의 힘을 **양력**

· 진행 방향과 **반대 방향**으로 작용하는 공기의 힘을 **항력**

으로 구별하고 있다. 즉 양력도 항력도 비행기에 작용하는 공기에 의한 힘이고 작용하는 방향에 따라 부르는 이름이 다를 뿐이다. 공기에서 받는 힘이란 지금까지 설명한 바와 같이 동압이다. 항력도 양력도 마찬가지로 동압에 비례하므로 계산식으로는 거의 같은 결과가 된다. 다른 점은 양력계수 대신 항력계수가 들어가는 정도이다.

공기 저항이 없는 경우의 자유낙하

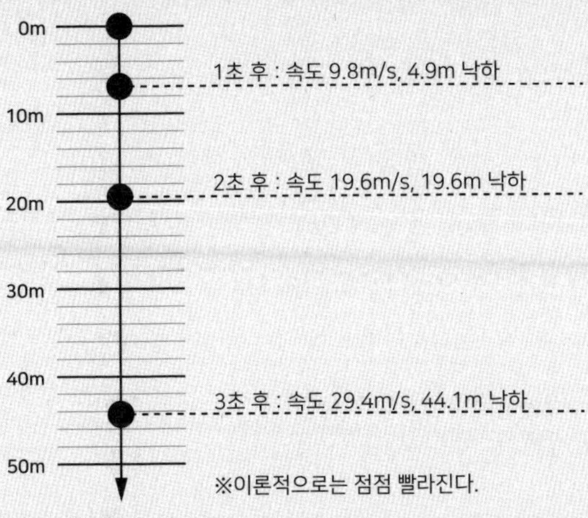

※이론적으로는 점점 빨라진다.

공기 저항이 있는 경우의 하강

《스카이다이빙》

뛰어내리고 나서 수초 후에는 공기의 저항인 항력과 중력이 균형을 잡아 일정한 속도로 하강한다.
체중 80kg(장비 포함)인 경우 시속 200km/h!

항력 식

(항력) = (항력계수) × (동압) × (날개 면적)

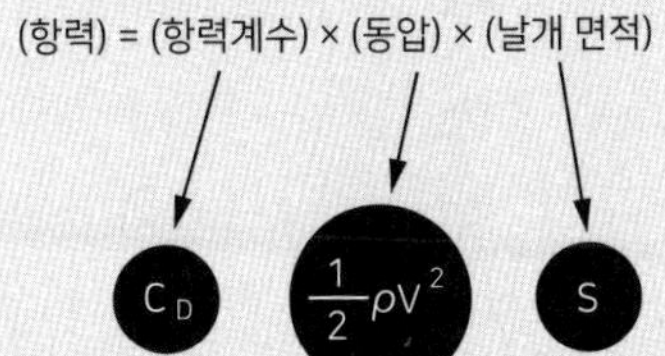

용어 해설

- **양력** 비행기가 받는 공기의 힘 중에서 진행 방향과 직각으로 작용하는 힘
- **항력** 비행기가 받는 공기의 힘 중에서 진행 방향과 반대 방향으로 작용하는 힘

07 앞으로 나아가는 힘은 어떻게 만들어질까?

힘의 관계

항공기와 헬리콥터, 새의 차이는 무엇일까?

새는 날개를 교묘하게 움직여서 공기를 가름으로써 날갯죽지로부터 중간 정도 근처의 날개로 양력을, 날개의 끝에서 추력을 만들어낸다. 새는 날개 하나로 양력과 추력을 만들며 자유롭게 하늘을 난다.

마찬가지로 헬리콥터도 날개만으로 양력과 추력을 만든다. 그 원리는 바람개비와 같으며 날개를 치는 대신 회전시켜 양력과 추력을 만들어낸다. 날개를 회전시키면서 하늘을 날기 때문에 헬리콥터를 회전익 항공기라고 부른다.

회전이 아니라 고정익 항공기라고 불리는 비행기는 이름대로 날개가 고정되어 있기 때문에 날개를 치는 것은 불가능하다. 날개로 공기를 가르기 위해서는 날개를 치는 대신 앞으로 나아가지 않으면 안 된다. 가장 간단한 전진 방법은 높은 곳에서 뛰어내리는 것인데, 지면에 떨어지기 전에 충분한 양력을 얻을 수 있으면 성공할 수 있다.

라이트 형제가 자동차의 엔진을 이용해서 프로펠러를 돌려 하늘을 난 것이 평지로부터 날아오를 수 있었던 최초의 비행이었다(1903년). 그로부터 30년 후에는 제트 엔진의 역사가 시작됐고 지금은 여객기의 주류를 이루고 있다.

제트 엔진의 원리는 간단히 말하면 부풀어 오른 풍선이 나는 원리와 같다(25페이지 참조). 다만 풍선은 공기를 다 사용하면 날 수 없지만, 제트 엔진은 대량의 공기를 흡수해서 후방으로 가속해서 분출하므로 주위에 공기가 있는 한 날 수 있다. 이처럼 공기를 분사하는 것을 영어로 제트라고 하는 것에서 제트 엔진이라고 불린다(*제트 엔진에 대해서는 다음 장에서 상세하게 설명한다).

앞으로 나아가는 힘

《새》

새는 날개를 쳐서 날갯죽지 부근에서 양력,
날개 끝에서 추력을 발생시킨다.

《바람개비》

헬리콥터도 같은 원리

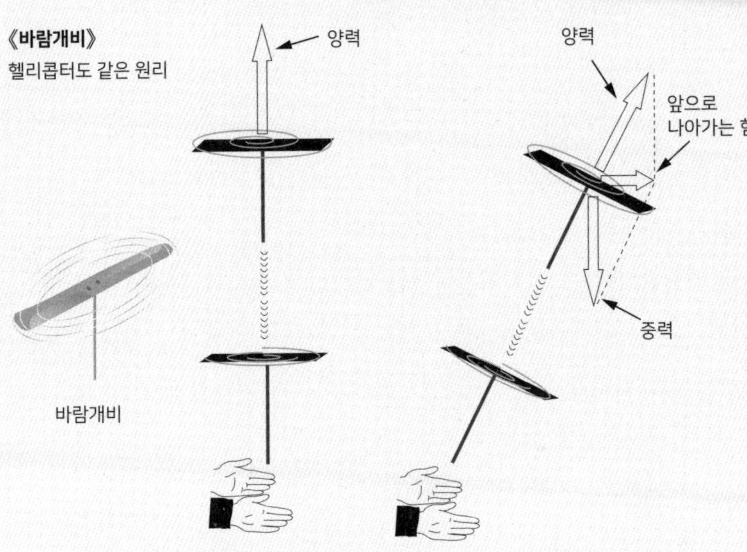

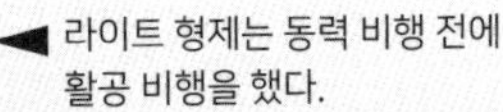

라이트 형제는 동력 비행 전에
활공 비행을 했다.

1903년에 인류 최초의 동력 비행을
성공시킨 라이트 플라이어

불꽃대회

고양이와 비행기의 흔들림

세상에서 가장 무서운 것을 순서대로 나열하면 '지진, 번개, 화재, 친부'를 꼽을 수 있지만 하늘을 나는 비행기에 있어서 지진은 크게 상관없다. 가장 무서운 것은 기내 화재, 그 다음으로 무서운 것은 번개이다. 일반적으로는 뇌운이나 적란운이라는 별명으로 불리는 경우가 더 많은 것 같지만 항공계에서는 적뇌운을 의미하는 Cb(씨비)가 화제가 되면 누구나 서서 귀를 기울인다. 특히 장마가 끝나거나 초여름의 저녁에 "불꽃대회가 있다"고 한다면 이 번개를 의미한다. '번쩍' 빛나는 구름의 아름다움은 자연이 그리는 한 폭의 그림 같지만 멀리 보기만 하고 아무도 다가가지 않는다. 불꽃이라고 하면 진짜 불꽃을 상공에서 보면 여러 가지로 빛나는 작은 공(球)으로 보이고 음력 7월경(백중맞이)에는 여기저기서 진짜 '불꽃대회'를 볼 수 있다.

그런데 뇌운이 없는 맑은 하늘에도 흔들리는 것을 캣(Clear Air Turbulence의 약자로 CAT)이라고 부른다. 신출귀몰한 고양이처럼 갑자기 나타나 흔들어 대기 때문에 붙여진 이름이다. 특히 호놀룰루와 미국 서해안 방면은 제트 엔진에 의한 순풍을 찾아 비행 루트를 선택하는데 CAT에 조우하는 일이 많다. 때문에 이 노선에서는 파일럿이 포지션 리포트(통과 지점을 관제기관에 통보하는 것)를 할 때 타 기종에도 정보가 전달되도록 흔들림 기류의 정보도 함께 통보하고 있다.

제 2 장

어떻게 제트 엔진은 큰 힘을 내는 걸까?

08 풍선을 날리는 공기의 힘의 크기

엔진

제트 엔진의 원리를 알아본다

자동차는 엔진이 타이어를 회전시켜 달리지만 타이어가 회전하면 어떤 원리로 달릴 수 있는 걸까?

그것은 도로와 타이어 사이에 마찰력이 있기 때문이다. 타이어가 회전하면서 도로를 뒤로 차고, 이때 생기는 도로로부터의 반작용 힘에 의해 앞으로 나아갈 수 있다. 마찬가지로 풍선도 반작용으로 난다. 풍선 주둥이에서 공기를 분출한 반작용의 힘으로 주둥이와는 반대쪽으로 날아간다. 반작용의 크기는 풍선 주둥이에서 분출하는 공기의 양과 속도에 따라서 다르다. 단위 시간당 공기의 양이 많을수록 또는 공기가 내는 속도가 빠를수록 보다 빠르고 멀리까지 날 수 있는 것이다. 이 점에서,

풍선을 날리는 힘의 크기 = 단위 시간당 공기의 질량 × 분출 속도

로 나타낼 수 있다.

부풀어 오른 풍선의 입구에서 힘차게 공기가 분출하는 것은 풍선 내부의 압력이 바깥보다 높기 때문이다. 이것은 압축 공기에는 일을 하는 능력, 즉 에너지가 있다는 것을 뜻한다. 다만 풍선은 내부의 공기를 다 사용하면 더 이상 날지 못한다.

그래서 주위의 공기를 빨아들여 압축하고 분출하면 연속해서 힘을 낼 수 있다. 대략적인 구조를 나타낸 것이 오른쪽 그림이다.

연속해서 압축하기 위해 열 에너지를 이용해서 터빈을 돌린다. 터빈은 압축기를 돌리고 공기 흡입구로부터 공기를 빨아들여 압축한다. 압축한 공기에 열 에너지를 추가해서 터빈을 돌리고 남아 있는 압축 공기를 배기 덕트로부터 후방으로 분출하는 구조이다.

압축 공기에는 일을 하는 능력이 있다

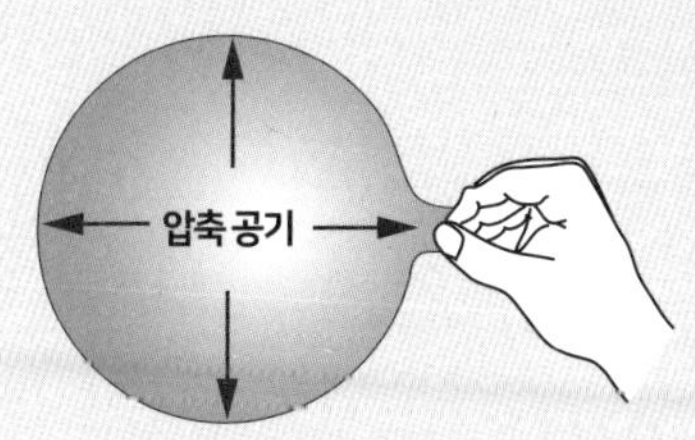

압축된 공기에는 일을 하는 능력(에너지)이 있다.

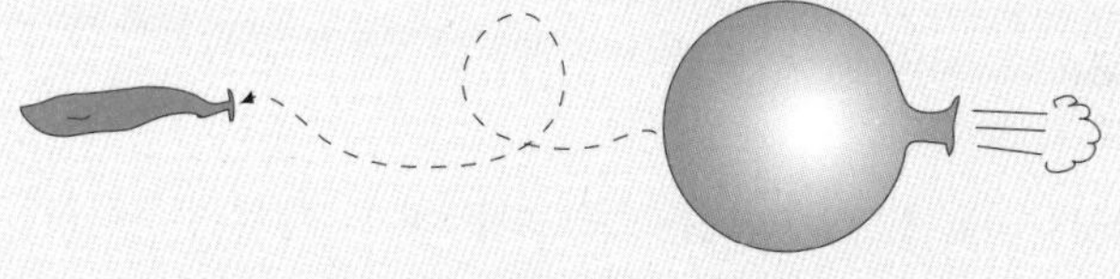

(풍선을 날리는 힘) = (단위 시간당 공기의 질량) × (분출 속도)

제트 엔진의 대략적인 구조

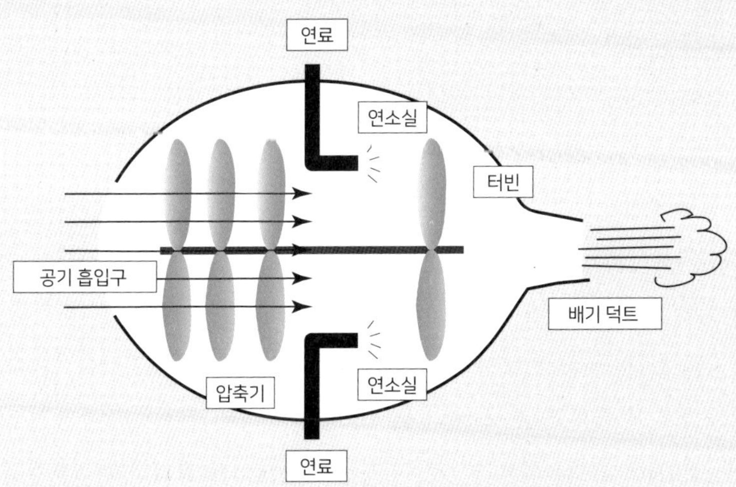

09 추력을 크게 하는 2가지 방법

엔진

보다 많이 흡입하거나 보다 빨리 분출하거나

'하늘의 귀부인'이라 불린 DC-8, 꿈의 제트기라 칭송받는 보잉 727, 미니 점보라는 이름으로 친숙한 초기의 보잉 737 등의 비행기는 '덜덜덜' 큰 소리와 함께 이륙하곤 했다.

하지만 현재의 비행기는 어느 쪽인가 하면 '붕'하고 프로펠러기에 가까운 소리를 내며 이륙한다. 이 차이는 무엇일까? 우선 제트 엔진과 풍선의 차이를 생각해보자.

풍선은 모아 둔 공기를 분출하는 것에 의해 힘을 얻으므로 풍선이 나는 속도에는 관계가 없다. 한편 제트 엔진은 주위로부터 공기를 조달하기 때문에 흡입하는 공기의 속도가 크게 영향을 미친다. 즉 흡입한 속도 이상의 속도로 분출하지 않으면 일이 되지 않는다.

물론 이륙 시에는 제로부터 출발하므로 문제없다. 그러나 상공을 시속 800km로 날 때는 그 이상의 속도로 분출할 필요가 있다. 공기를 비행 속도 이상으로 가속시키지 않으면 실질적인 힘을 얻을 수 없다.

예를 들어 물을 흡입하여 힘차게 후방으로 배출해서 수중을 이동하는 탈 것이 있다고 하자. 강의 상류를 향해서 나아가는 경우에는 흘러오는 물의 속도 이상으로 물을 후방으로 보내지 않으면 앞으로 나아가지 않는다. 힘을 내려면 물에 가속도를 붙이는, 바꾸어 말하면 물에 운동을 시키지 않으면 안 된다. 제트 엔진도 같은 이론이다.

이 점에서 추력의 식은 오른쪽 그림과 같다. 추력을 크게 하려면 단위 시간에 흡입하는 공기의 양을 늘리거나 또는 분출 속도를 크게 하는 2가지 방법이 있는 것을 알 수 있다.

풍선은 나는 속도에 관계없다

(풍선을 날리는 힘) = (단위 시간당 공기의 질량) × (분출 속도)

풍선을 날리는 힘은 주위의 공기에 관계없이 분출 속도만으로 결정된다.

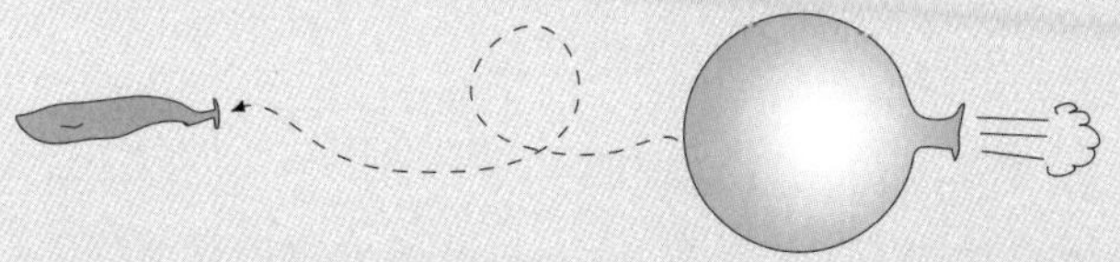

제트 엔진은 비행 속도에 영향을 받는다

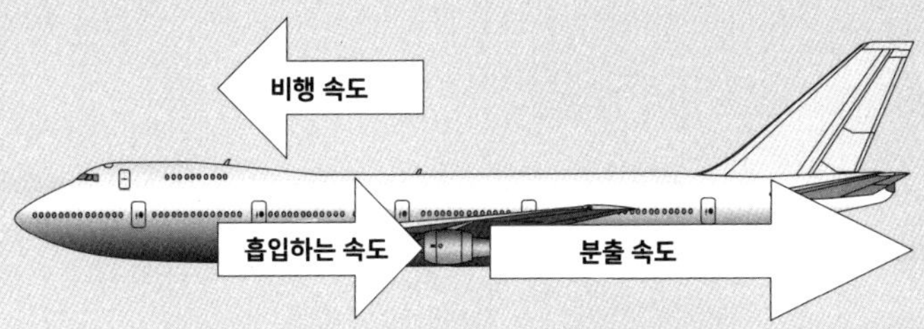

제트 엔진이 흡입하는 공기의 속도는 비행 속도와 같으므로
흡입한 공기의 속도 이상의 속도로 분출하지 않으면 공기에
운동을 시킨 것이 아니므로 유효한 추력을 얻지 못한다.
따라서 유효한 추력 식은 아래와 같다.

(추력) = (단위 시간당 공기의 질량) × (분출 속도-비행 속도)

이처럼 비행 속도를 고려한 추력을 정미 추력(Net Thrust 넷 스러스트)이라고 하며 비행 속도를 고려하지 않은 추력, 풍선을 날리는 힘의 식과 같은 추력을 총추력(Gross Thrust 그로스 스러스트)이라고 한다.

10 터보 팬 엔진이 대세가 된 이유

엔진

보다 많은 사람을 태우고 보다 멀리

비행기는 ① 보다 많은 사람을 태우고 ② 보다 조용하고 ③ 보다 높이 ④ 보다 빠르고 ⑤ 보다 멀리 날기 위해 큰 소리가 아니라 큰 추력과 연비가 좋은 제트 엔진을 필요로 한다.

④와 같이 빨리 날기 위해서는 분출 속도를 더 빠르게 해야 한다. 일찍이 동경에서 오사카까지 27분에 비행했다며 제트 여객기의 빠르기를 강조한 시대도 있었다.

그러나 이 방법은 연료를 많이 사용하고 큰 소리를 내는 것에 비해 효율이 좋지 않았다. 보다 멀리 나는 조건과는 상반되기 때문이다.

그래서 추력을 증대하기 위해 흡입하는 공기를 늘리도록 엔진의 전면에 팬이라 불리는 큰 날개를 장착한 터보 팬 엔진이라 불리는 엔진이 개발되었다.

터보 팬 엔진의 출현으로 대서양과 태평양의 무착륙 횡단도 가능해졌다. 그 결과 급유를 위해 착륙하지 않아도 돼 목적지까지의 소요 시간도 크게 단축되어 보다 빠르게 비행한다는 조건도 가능해진 것이다.

또한 분출 속도가 작은 팬에서 나온 공기가 배기 소음의 중화 작용을 하기 때문에 소음도 크게 줄었다.

엔진 출력의 몇 %가 추진을 위한 에너지가 됐는지를 나타내는 것이 추진 효율이다. 오른쪽 그림에 있는 추진 효율 식을 보면 엔진의 분출 속도를 비행 속도에 가까이할수록 효율이 좋아지는 것을 알 수 있다. 이 점에서도 대량의 공기를 비행 속도에 가까운 속도로 팬에서 분출하는 터보 팬 엔진은 추진 효율이 좋은 것을 알 수 있다.

추진 효율이란

$$추진\ 효율 = \frac{밀어낸\ 힘}{엔진\ 출력\ 에너지}$$

Va : 비행 속도　　Vj : 분사 속도　　m : 공기 질량

추력 $= m(Vj - Va)$ 그리고 일 = (힘)×(거리)에서

밀어낸 일 $= m(Vj - Va)Va$

$$엔진\ 출력\ 에너지 = \frac{1}{2}mVj^2 - \frac{1}{2}mVa^2$$

$$= \frac{1}{2}m(Vj^2 - Va^2)$$

에서 추진 효율 η은 아래와 같다.

$$\eta = \frac{m(Vj - Va)Va}{\frac{1}{2}m(Vj^2 - Va^2)}$$

$$= \frac{(Vj - Va)Va}{\frac{1}{2}(Vj - Va)(Vj + Va)}$$

$$\therefore\ \eta = \frac{2}{1 + \frac{Vj}{Va}}$$

$$추진\ 효율 = \frac{2}{1 + (분사\ 속도/비행\ 속도)}$$

이 식에서 분사 속도를 비행 속도에 가까이 할수록
추진 효율이 좋아지는 것을 알 수 있다.

11 터보 팬 엔진을 들여다보면

공기 흡입구에서 보이는 팬

이제 터보 팬 엔진의 구조에 대해 살펴보자.

우선 엔진의 입구. 엔진을 앞에서 보면 맥주통과 같은 모양을 한 노즈 카울(Nose Cowl)이라 불리는 공기 흡입구가 있다.

노즈 카울을 잘 보면 좁은 입구에 비해 안은 조금 넓은 것을 알 수 있다.

그 이유는 공기가 좁은 곳에서 넓은 곳으로 흐르는 경우 속도가 작아지는 성질이 있기 때문이다. 앞서 말한 호스로 물을 뿌릴 때의 반대로, 동압을 정압으로 바꾸는 것이 가능하기 때문이다. 입구를 지나는 시작점부터 압축이 시작된다고 할 수 있다.

또한 노즈 카울에는 비행기의 속도와 자세가 크게 변화해도 효율적으로 엔진에 공기가 흘러들어가도록 하는 역할도 하는 등 대수롭지 않은 형태를 하고 있어도 많은 기술이 감추어져 있다.

그런데 노즈 카울의 주위에 얼음이 형성되고 그 얼음이 떨어져 엔진 안으로 들어가면 고속으로 회전하는 팬에 중대한 손상을 가하는 일이 발생한다(이것을 이물질 피해, FOD=Foreign Object Damage라고 한다).

때문에 구름 안을 비행할 때는 카울의 주변을 뜨거운 공기나 전기로 데워 결빙하지 않도록 하는 장치가 있다. 터보 팬의 유일한 단점은 이처럼 얼음과 새 등을 흡입할 수 있는 큰 공기 흡입구이다.

노즈 카울의 안에는 팬이 보이지만 그림의 CF6 엔진이라면 그 크기는 사람이 서도 여유가 있는 직경 약 2.4미터이다. 그리고 시대의 변화와 함께 팬의 재질과 강도가 향상되어 팬은 보다 커지는 추세이며 GE90 엔진은 3.5미터나 된다.

공기 흡입구의 역할

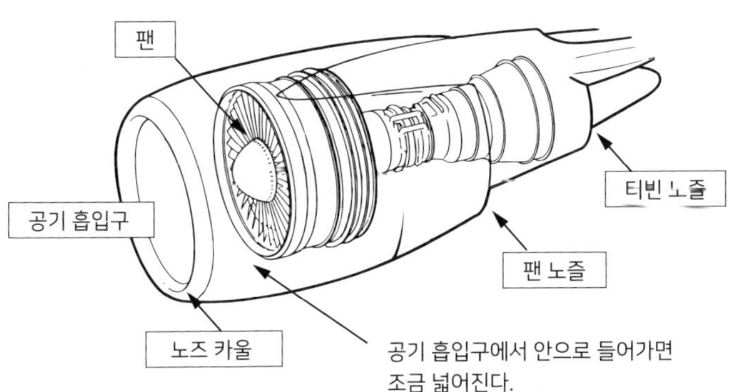

좁은 곳에서 넓은 곳으로 들어가면 유속은 느려지고 공기압은 높아진다.
노즈 카울 내에서 압축이 시작된다고 할 수 있다.

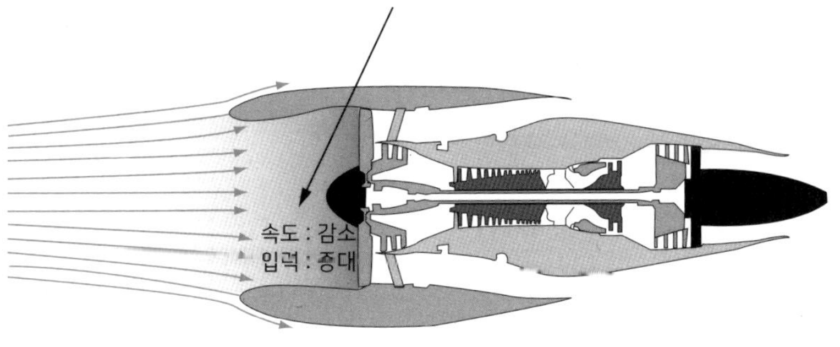

비행 속도는 제로에서 마하 0.8 이상까지 크게 변화한다. 노즈 카울의 숨겨진 기능으로 엔진 내부로의 진입하는 공기 흐름 속도를 마하 0.5 정도로 유지할 수 있다.

12 팬의 중요한 역할

단순한 공기를 분출해서 큰 힘을 발휘

노즈 카울에서 유입한 공기는 모두 엔진 내부로 들어가는 것은 아니다. 예를 들어 CF6 엔진에서는 약 16%가 엔진 내부로 들어가고 약 83% 이상은 연소되지 않고 팬이 공기를 그대로 후방으로 분출한다.

이처럼 엔진이 흡입하는 전체 공기 중 팬이 분출한 공기가 엔진 내부로 들어가지 않고 바이패스(통과)하는 비율을 '바이패스비'라고 하며 터보 팬 엔진의 성능을 비교하는 기준의 하나다. CF6 엔진의 경우에는 83÷16≒5에서 바이패스비가 5가 된다.

팬에서 가속된 대량의 공기를 비교적 느린 속도로 분출해서 실제로 전체 추력의 75%는 이 팬에 의한 것이다. 흡입한 공기의 16%로 큰 팬을 돌리고 있기 때문에 터보 팬 엔진은 효율이 좋다고 이야기 한다.

한편 팬이 커짐에 따라 팬의 회전 속도는 느려지는 경향이 있다.

예를 들어 초기의 터보 팬 엔진인 JT8D 엔진의 팬 직경은 약 1미터, 바이패스비 1.1로 최대 회전 속도는 매분 8,600회전으로 고속 회전 엔진이었다. 그런데 직경 약 2.4미터인 CF6 엔진은 매분 3,600회전, 또 직경 3.25미터로 큰 GE90-115B 엔진은 최대라도 매분 2,355회전으로 상대적으로 많이 느려졌다.

팬의 회전 속도가 느려졌다고 해도 추력의 크기로 보면 JT8D 엔진이 약 6.4톤인 데 대해 GE90-115B 엔진은 약 52.3톤으로 느린 속도로 대량의 공기를 분출하고 있는 것을 알 수 있다.

팬의 큰 역할

$$\text{바이패스비} = \frac{\text{팬 배기가스 질량}}{\text{터빈 배기가스 질량}}$$

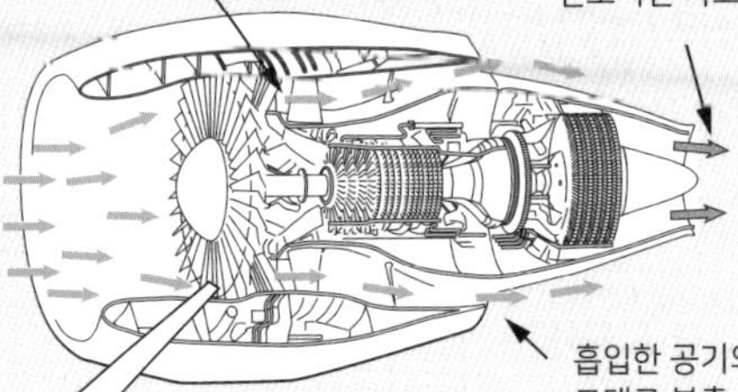

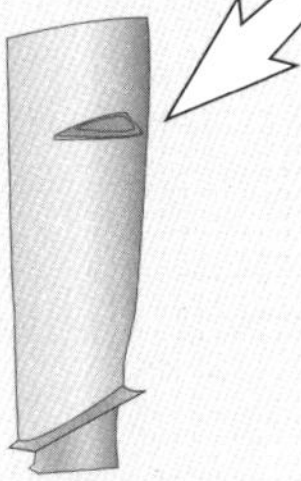

《CF6 엔진》
팬 직경 : 2.36m
바이패스비 : 5.0
팬 회전 속도 : 3,600회전/분
팬 개수 : 38
재질 : 티탄합금

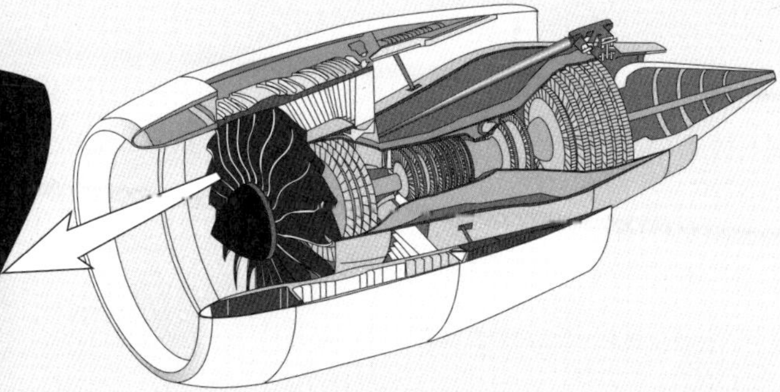

《GE90-115B 엔진》
팬 직경 : 3.25m
바이패스비 : 9.0
팬 회전 속도 : 2,355회전/분
팬 개수 : 22
재질 : 합성수지•합성섬유의 고강도 복합재,
가장자리는 티탄합금으로 커버

13 압축기에서 배기까지

엔진

서서히 좁히면서 압축하고 넓혀 연소한 후에 압축하여 배기한다

공기는 엔진 안에 들어가면 팬과 동축의 저압 압축기에서 우선 압축 후 고압 압축기로 향한다. 고압 압축기는 문자 그대로 고압으로 압축하는 곳으로 안으로 갈수록 좁아진다. 왜 좁아지는가 하면 체적이 압축되어 작아진 공기의 속도를 일정하게 유지하기 위해서다. 그리고 고압 압축기에서 나올 때는 약 30에서 40배 이상으로 압축되어 있다.

압축되어 충분히 에너지를 가진 공기는 연소에 알맞은 속도와 압력으로 조정하기 위해 디퓨저라 불리는 넓은 통로를 빠져나와 연소실로 들어간다.

연소실에서 연료와 혼합된 가스에 점화시키는 장치는 자동차의 가솔린 엔진과 같은 점화 플러그이지만, 자동차와는 달리 엔진 스타트 시에만 기능하고 그 후에는 연속적으로 연소하므로 점화 플러그는 사용하지 않는다. 이때 연소 온도는 1,300℃ 이상이나 된다.

압축에 추가해서 열 에너지를 비축한 가스는 에너지 효율을 높이기 위해 서서히 팽창시키면서 터빈을 돌리는 일에 착수한다. 고압 터빈으로 고압 압축기를 고속으로 회전시키고 아직 충분히 있는 에너지에 의해 저압 터빈으로 저압 압축기와 동축의 팬을 회전시킨다.

터빈, 즉 팬과 압축기를 회전시킨 후에도 남아 있는 가스의 압력 에너지는 속도 에너지로 변환, 바꾸어 말하면 가속해서 분출하기 위해 배기 노즐은 좁아진 형태로 만들어진다.

제트 엔진을 덮고 있는 맥주통과 같은 엔진 케이스 안은 결코 보기 흉하지 않고 스마트한 형태를 하고 있다.

엔진 각부의 명칭

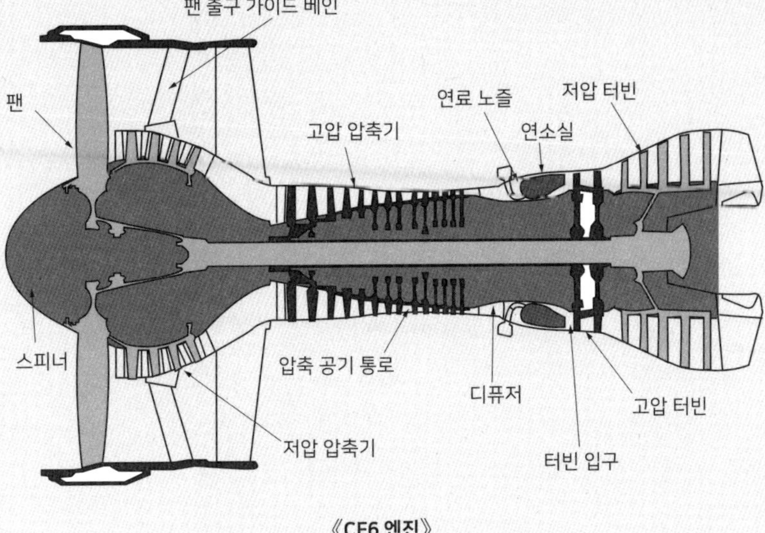

《CF6 엔진》

팬과 저압 압축기, 이것을 돌리는 저압 터빈, 그리고 고압 압축기와 이것을 돌리는 고압 터빈은 각각 독립해서 구동하는 2축식이다.
연소실의 최고 연소 온도는 1,300℃ 이상이지만 화산재가 녹는 온도이기도 하므로 만약 엔진이 화산재를 흡입한 경우에는 녹은 화산재가 터빈에 부착되어 엔진에 심각한 피해를 줄 가능성이 높기 때문에 화산 발생 지역은 회피 비행하도록 하고 있다.

14 엔진 스타트의 준비

엔진

자립하기 위해서는 도움이 필요

제트 엔진의 개략적인 구조를 알았다면 다음은 엔진을 돌리는 구조에 대해 살펴보자.

자동차 엔진의 경우도 자기 혼자만의 힘으로 연료를 넣고 정지되어 있는 상태로부터 시동을 거는 것은 불가능하다. 시동이 걸릴 때까지 스타터라 불리는 장치의 도움이 필요하다. 키를 꽂고 돌리면 불과 2~3초만에 자립, 즉 아이들링(완속 운전) 상태가 된다.

제트 엔진의 경우도 "2~3초만에 엔진 스타트를 완료했다"는 말은 할 수 없다. 원래 제트 여객기에는 엔진을 스타트하기 위한 키가 없다.

미풍이 불 때 '덜덜덜'하고 가볍게 회전하고 있는 엔진을 보면 쉽게 스타트할 수 있을 것처럼 생각된다.

그러나 제트 엔진을 정지 상태에서 회전시키기 위해서는 큰 힘이 필요하다. 이를 위해 자동차와 같은 전동 스타터가 아니라 뉴매틱 스타터라 불리는 장치로부터 엔진이 정상적으로 시동이 걸릴 때까지 도움을 받는다.

뉴매틱이란 '공기의 작용에 의한다'는 의미로 압축 공기를 이용한 터빈으로 구동하는 스타터이다.

터빈을 회전시키는 공기는 대기 중에 얼마든지 있으며 무엇보다 뉴매틱 스타터가 소형경량임에도 불구하고 큰 힘을 발휘할 수 있기 때문에 비행기에 있어서는 편리한 공기의 이용이라고 할 수 있다.

한편 보잉 787은 VFSG(배리어블 프리퀀시 스타터 제너레이터)라 불리는 발전기와 스타터 두 가지 기능을 가진 장치에 의해서 엔진을 스타트시킨다.

뉴매틱 스타터

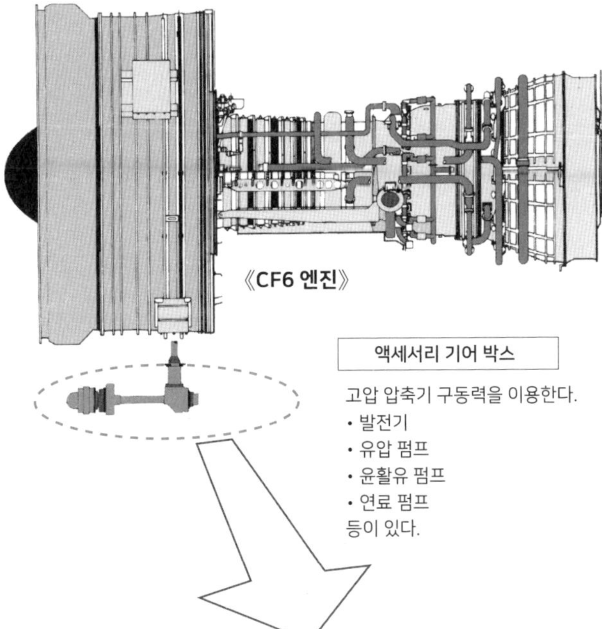

액세서리 기어 박스

고압 압축기 구동력을 이용한다.

- 발전기
- 유압 펌프
- 윤활유 펌프
- 연료 펌프

등이 있다.

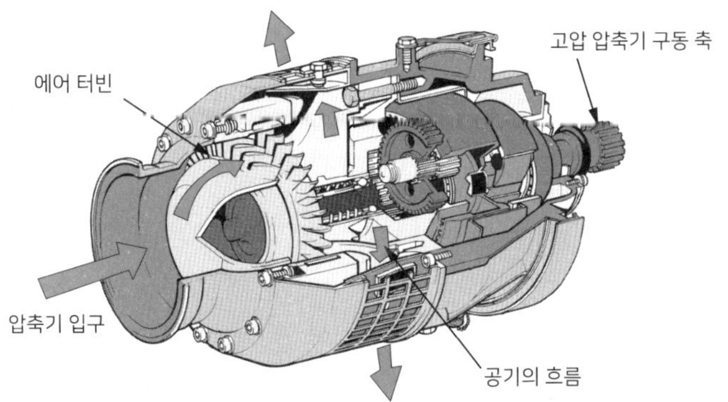

15 엔진 스타트 ①

엔진

연료를 넣기까지의 절차

대부분의 제트 여객기에는 엔진을 스타트시키는 스위치가 2개 있다. 하나는 스타터를 작동시키는 스타트 스위치이고, 또 하나는 엔진에 연료를 공급하는 연료 컨트롤 스위치(엔진 마스터 스위치라고 불리는 비행기도 있다)이다. 연료 컨트롤 스위치는 엔진 스타트 시에만 사용하는 것이 아니라 비행을 마쳤을 때나, 엔진에 고장이 발생해 엔진을 바로 정지시키지 않으면 안될 때, 연료가 엔진에 공급되는 것을 차단할 때, 엔진을 정지시킬 때에도 사용한다.

비행 중에도 엔진 스타트는 가능하다. 지상에서 조금이라도 바람이 불면 저절로 회전할 정도이므로 시속 300킬로미터 정도의 속도가 있으면 스타터의 도움 없이 스타트할 수 있다. 자동차의 엔진을 밀면서 시동거는 것과 같은 방법이다.

구체적인 조작을 살펴보면 우선 스타트 스위치를 'START' 위치로 한다. 압축 공기를 스타터에 보내는 스타트 밸브라 불리는 밸브가 열리고 스타터가 돌기 시작한다. 기어를 거쳐 접속되어 있는 고압 압축기가 회전하기 시작하고 이어서 팬과 저압 압축기도 회전을 개시한다. 그러면 공기 흡입구에서 자연히 공기가 흡입되기 시작한다.

다음으로 연료 컨트롤 스위치를 'RUN(운전)' 위치로 하면 연료의 차단 밸브는 열리지만 바로 연료가 연소실에 들어가는 것은 아니다. 충분한 압축 공기가 없으면 이상 연소로 이어질 수 있기 때문에 연소시켜도 좋은 압축 공기를 얻을 수 있는 회전 속도에 달하기까지 연소실 앞의 연료 고압 밸브는 닫힌 상태를 유지한다.

엔진 스타트의 구조

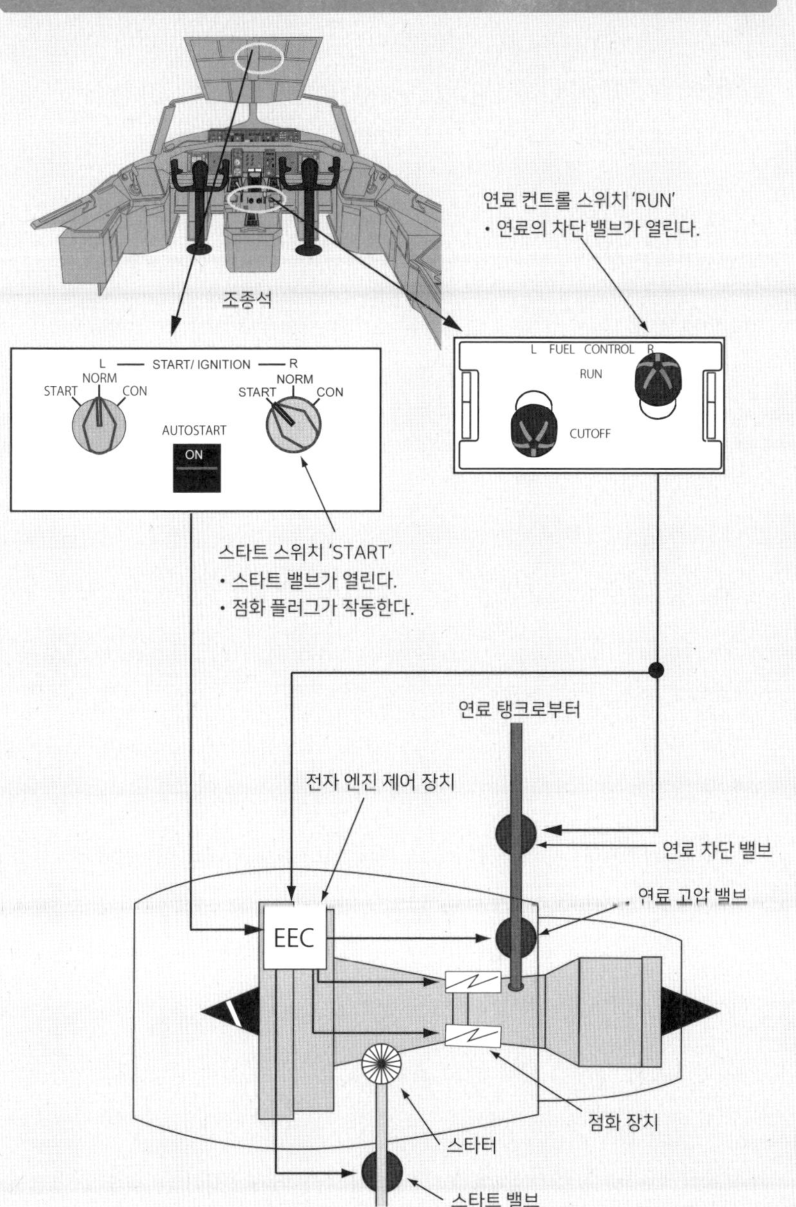
조종석
L START/ IGNITION R
START
NORM
CON
START
NORM
CON
AUTOSTART
ON
L FUEL CONTROL R
RUN
CUTOFF
연료 컨트롤 스위치 'RUN'
• 연료의 차단 밸브가 열린다.
스타트 스위치 'START'
• 스타트 밸브가 열린다.
• 점화 플러그가 작동한다.
연료 탱크로부터
전자 엔진 제어 장치
연료 차단 밸브
연료 고압 밸브
EEC
점화 장치
스타터
스타트 밸브

16 엔진 스타트 ②

자립까지의 과정

연료 컨트롤 스위치를 'RUN(운전)' 위치로 한 후 약속한 회전수(매분 약 2,000회전)가 되면 우선 점화 플러그가 '타닥타닥' 하며 불꽃을 튀기기 시작한다.

다음으로 연료가 조금씩 연소실로 들어간다. 자동차의 가솔린 엔진이 압축 공기와 연료를 혼합하고 나서 점화하는 것과 반대이다. 제트 엔진의 경우는 연료가 먼저 공급되면 연소실 외부에서의 연소, 즉 엔진에 화재가 발생할 우려가 있기 때문이다. 가스레인지의 손잡이를 돌리면 '타닥타닥' 소리를 내고 나서 가스가 나오는 것과 같은 이치이다.

점화에 성공한 후에는 연소가 지속되기 때문에 점화 플러그는 다음 스타트까지 필요 없게 된다. 그러나 점화에 성공했다고 해서 자립한 것은 아니다. 겨우 터빈을 돌릴 준비를 마쳤을 뿐이다.

또한 연소에 사용되는 압축 공기는 전체 공기의 약 25% 정도이고 나머지 압축 공기는 터빈 등을 냉각하기 위해 사용된다. 이를 위한 충분한 압축 공기를 얻기 위해서는 연소가 시작해도 여전히 스타터의 도움이 필요하다.

그렇다면 도대체 어느 정도의 회전까지 도움이 필요할까? 답은 최대 회전 속도의 50%(5,000회전/분)의 고속 회전까지 필요하다. 자립 회전 속도에 도달하기까지는 연료의 양을 조금씩 조금씩 늘리게 돼 있고, 이 역할을 하는 장치를 연료 제어 장치(FCU)라고 부른다. 지금은 FADEC 또는 EEC로 부르는 전자식 엔진 제어 장치로 부르고 있다. 스타터의 도움을 받아 스스로가 아이들링까지 가속하여 마침내 스타트를 종료하게 되는데 약 20~30초 정도가 소요된다.

엔진 스타트를 중지할 때

실제의 엔진 스타트는 2개의 스위치를 조작한 후(p.36) 엔진 계기의 감시(업계 용어로는 모니터라고 한다)만 하면 종료된다. 감시 중 엔진에 이상이 있는 경우에는 자동적으로 스타트는 중지된다. 대표적인 비정상 스타트에 대해 살펴보자.

핫 스타트 : 엔진의 이상 연소. 연료 유량의 과다 또는 스타터의 구동력 부족 등이 원인이다.

웻 스타트 : 규정 시간 내에 점화를 확인할 수 없다(배기가스 온도가 상승하지 않는다). 점화 플러그의 불량이 원인이다.

헝 스타트 : 회전하는 것이 통상보다 느려 핫 스타트를 수반하는 일도 있다. 연료 유량이 너무 적거나, 스타터, 압축 공기의 힘 부족이 원인이다.

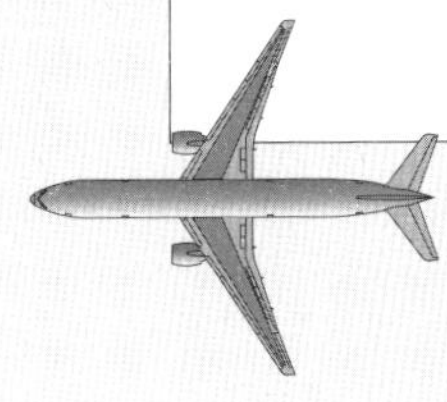

위와 같은 이상이 있으면 스타트를 곧바로 중지하고 엔진 내부의 잔여 연료를 배출하기 위해 잠깐 동안 엔진을 공회전(모터링)시킨다.

그런데 아이들링 회전 속도는 팬이 매분 약 1,000회전, 고압 압축기는 6,400회전으로 최대 회전 속도의 60% 이상이 된다. 가솔린 엔진의 아이들링이 600회전 정도로 최대 회전의 10% 정도이기 때문에 제트 엔진의 아이들링은 상당한 속도라는 것을 알 수 있다.

17 엔진이 만들어내는 네 가지 힘

추력, 공기 압력, 전력, 유압

엔진에 있어서 가장 중요한 일은 당연히 추력을 발생하는 것이다. 그러나 그뿐만 아니라 아이들링(완속 운전) 작동 상태라도 객실의 기압과 온도를 쾌적하게 유지하기 위한 공압, 자유롭게 날기 위한 보조날개 등을 움직이기 위한 유압 그리고 통신장비, 계기, 컴퓨터 등의 전자장치를 작동시키기 위한 전력 등 총 네 가지 힘을 만들어낸다.

우선 공압부터 설명한다. 엔진 내에 유입된 공기는 압축기에 의해 약 30배로 압축되고 온도는 연소하기 전에도 약 500℃ 이상이나 된다. 연소 전의 깨끗한 공기를 엔진 압축기부터 뽑아내서 기내의 기압을 일정하게 유지하는(여압이라고 부른다) 것과 에어컨 등에 이용하고 있다. 에어컨은 에어 사이클 머신이라고 하는 압축 공기가 팽창할 때 온도가 내려가는 것을 이용한 것으로 차가운 공기에 원래 있는 뜨거운 공기를 혼합시켜 선택된 온도로 조절한다. 그리고 아웃 플로 밸브라고 불리는 밸브의 개폐에 의해 기외로 배출하는 공기의 양을 조절하여 기내 압력을 일정하게 유지하고 있다.

발전기는 각 엔진에 1개 혹은 2개 장착되어 있으며 아이들링부터 이륙 추력까지의 회전 속도에 관계없이 일정 전력을 얻을 수 있는 장치에 의해 115V의 전압, 주파수 400Hz를 유지할 수 있다. 발전기 개당 발전 용량은 최대 250kVA나 된다.

유압 펌프도 마찬가지로 엔진 회전 속도에 관계없이 일정한 압력, 약 3,000psi(보잉 787과 에어버스 A380은 약 5,000psi) 압력을 만들어 낸다. 자세한 것은 뒤에 설명(p.76)한다.

액세서리 기어 박스

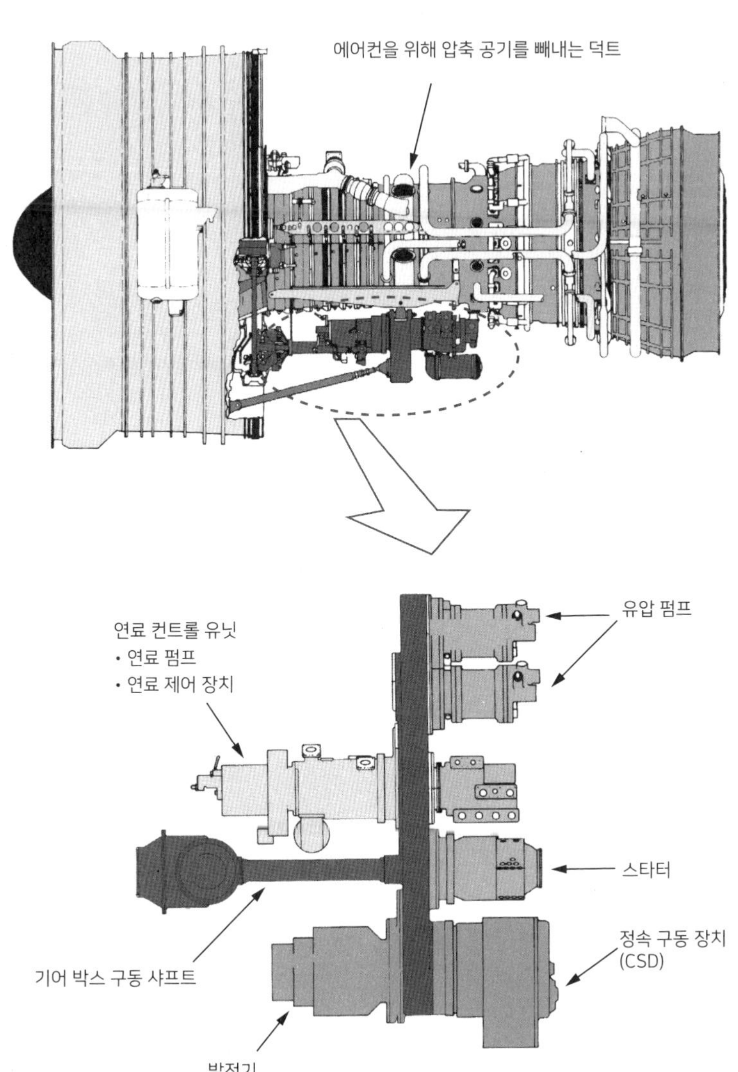

에어컨을 위해 압축 공기를 빼내는 덕트
유압 펌프
연료 컨트롤 유닛
• 연료 펌프
• 연료 제어 장치
스타터
정속 구동 장치
(CSD)
기어 박스 구동 샤프트
발전기

18 엔진의 파워를 조절하는 레버

엔진

자동차의 액셀에 해당하는 스러스트 레버

엔진을 스타트시켰다면, 다음은 어떻게 해서 추력을 조정하는지를 살펴보자. 자동차의 경우는 엔진의 출력을 조절하는 액셀이 발아래에 있지만, 제트 여객기는 조종석의 페데스탈이라고 불리는 부분으로 기장과 부기장의 좌석 사이에 있다.

왜 중앙에 있는가 하면 발아래에는 방향타와 휠 브레이크를 조작하기 위한 페달이 있고, 또한 왼쪽에 앉아 있는 기장(조종사)과 오른쪽에 앉아 있는 부기장(부조종사)이 모두 조작할 수 있도록 하기 위함이다. 그런데 비행기의 경우는 액셀이라 부르지 않는다. 피스톤 엔진의 호칭을 그대로 따서 파워 레버, 스로틀 레버 등이라고 불리기도 하고, 추력을 영어로 스러스트라고 하기 때문에 보통은 스러스트 레버라고 부르는 경우가 많다.

그러나 실제로 현장에서는

"조금 더 파워를 늘려"

"좀 더 파워를 줄여"

등으로 표현하고 있다.

스러스트 레버를 진행 방향으로 밀면 추력이 커지고 후방으로 당기면 작아진다. 레버에서 손을 떼도 자동차의 액셀과 같이 원래대로 돌아가지 않고 그 위치 그대로를 유지한다. 그리고 좀 더 당긴 위치가 최소 추력, 다시 말해 아이들(완속 운전)이 된다. 스러스트 레버를 앞으로 밀면, 간단하게 말해 연소실에 들어가는 연료의 양이 증가하고 그에 따라 열 에너지도 증가해 출력이 커진다. 그러나 단순히 연료만 늘리면 되는 것은 아니다. 그것은 어떤 이유에서인지 다음 항에서 이유를 생각해보자.

스러스트 레버

《A380》

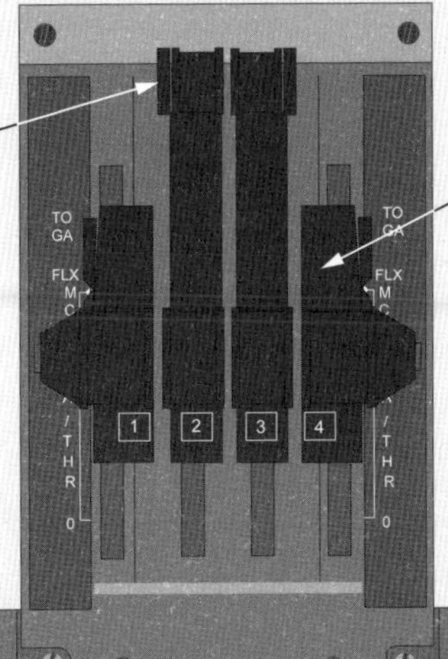

리버스 레버 역추력을 위한 레버. 중앙 엔진의 2개만 장착되어 있다.

A380의 스러스트 레버 4개의 엔진이 장착되어 4개의 레버가 있다.

에어버스 비행기의 레버는 자유롭게 움직이는 범위도 있지만, 이륙 추력, 상승 추력, 최대 연속 추력을 세트하는 위치가 정해져 있고 일종의 스위치 역할도 한다.

페데스탈

《보잉 777》

리버스 레버 역추력을 위한 좌우 2개의 레버

보잉 777의 스러스트 레버 쌍발기이므로 2개의 레버가 있다.

19 엔진의 풀 파워, 무엇이 문제인가?

엔진

엔진에 손상을 가하는 압축기 실속

자동차의 피스톤 엔진은 흡입, 압축, 연소, 배기 행정을 항상 같은 실린더 내에서 수행하고 있다. 그러나 제트 엔진은 각각의 특정 업무를 연속된 흐름으로 처리하고 있다.

이런 이유로 터빈의 블레이드와 같이 항상 고온에 노출되어 고속 회전하지 않으면 안 되는 혹독한 부분이 존재한다.

이러한 부분에서 열 응력이나 운동 응력에 의해 파괴된 터빈 파편이 하류로 비산되면 고속 회전하고 있는 엔진은 심각한 손상을 받게 된다. 또한 터빈이 파손하지 않더라도 엔진의 수명과 정비 비용 등에도 큰 손실을 가져온다. 따라서 터빈 입구 온도는 제한치가 엄격하게 설정되어 있어 어떠한 상황에서도 제한치를 넘기지 않도록 연료의 양을 엔진으로 조절해서 보낼 필요가 있다.

또한 이러한 연소 온도의 문제를 해결했다고 해도 또 다른 문제가 있다. 예를 들면 급하게 스러스트 레버를 조작하여 연료의 양을 늘렸다고 하자. 그러면 터빈을 통과하는 가스의 양은 늘어난다. 그러나 터빈과 압축기는 힘을 가하지 않는 한 움직이려고 하지 않는 성질인 관성으로 인해 즉각적으로 움직이지 않는다.

압축기가 우물쭈물하고 있으면 하류로 향하는 공기의 흐름이 불안정해지고 '텅' 하는 큰 음향과 진동을 수반하는 압축기 실속이라 불리는 현상을 일으킨다. 컴프레서 스톨이 발생하면 엔진에 큰 손상을 가할 가능성이 있기 때문에 스러스트 레버를 급격하게 조작해도 안정된 운전이 가능한 연료 제어가 필요하다.

엔진의 제한

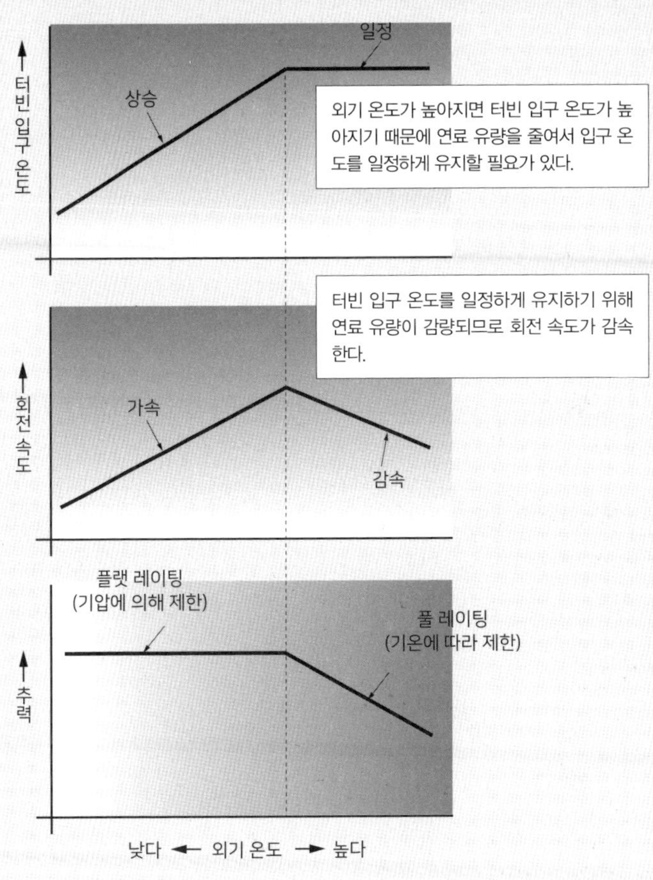

외기 온도가 높아지면 터빈 입구 온도가 높아진다. 그리고 외기 온도가 터빈 입구 온도의 제한치를 넘는 경우에는 연료 유량을 줄여야 한다. 이처럼 외기 온도에 의해서 제한되는 추력을 '풀 레이팅'이라고 부른다. 그렇다고 해서 외기 온도가 낮으면 낮을수록 추력을 크게 할 수 있는 것도 아니다. 이번에는 엔진 내부의 압력이 너무 높아지므로 강도에 문제가 발생한다. 때문에 엔진이 흡입하는 외기 온도가 높을 때는 추력을 작게 하지 않으면 안 되며, 이처럼 외기압으로 제한되는 추력을 '플랫 레이팅'이라고 한다.

20 안전 운전을 가능케 하는 연료 제어 장치

엔진

연료 컨트롤 장치도 디지털 방식으로

이번에는 연료의 유량을 급격하게 줄인 경우를 생각해보자. 관성의 법칙에 의해 압축기가 갑작스레 감속하지는 못한다. 그 결과 이번에는 공기의 흐름에 대해 연료 유량이 너무 적어 연료실 내의 불이 꺼져 엔진이 멈추는 프레임 아웃이라는 현상이 일어난다. 파일럿 입장에서는 컴프레서 스톨이나 프레임 아웃 현상이 일어나지 않기를 바란다.

또한 높은 온도에서는 공기 밀도가 낮기 때문에 이 점도 생각해야 한다. 물론 비행기가 나는 속도도 큰 문제가 된다. 그러나 이들 문제가 있다고 해서 파일럿이 그때마다 하나하나 생각하면서 연료 유량을 조정하는 것은 결코 쉽지 않은 일이다.

또한 비행 중에 바람의 급변 등으로 속도와 자세가 크게 영향을 받는 경우도 많이 일어난다. 그런 상황에서 컴프레서 스톨과 프레임 아웃을 신경 쓰며 레버를 천천히 조작해야 한다면 이것 또한 큰 문제다.

이와 같은 일이 일어나지 않게끔 하는 것이 바로 연료 컨트롤 장치이다. 이 장치는 연료 유량만을 제어하는 게 아니라 엔진이 안전하고 효율적으로 작동할 수 있도록 압축기 블레이드의 각도 조절과 연소실의 열팽창 제어 등 엔진을 전반적으로 조절하고 있다.

초기의 제트 엔진은 모두 기계식으로 작동하는 아날로그 제어 방식이기 때문에 연료 제어 장치(FCU)라고 불렸다. 지금은 FADEC 또는 EEC로 부르는 전자식 엔진 제어 장치로 부르고 있다. 이 기능은 연료 제어만이 아니라 다양한 기능을 포함하고 있다(p.38 참조).

엔진을 제어하는 장치

JT8D 엔진 연료 제어 장치(FCU)

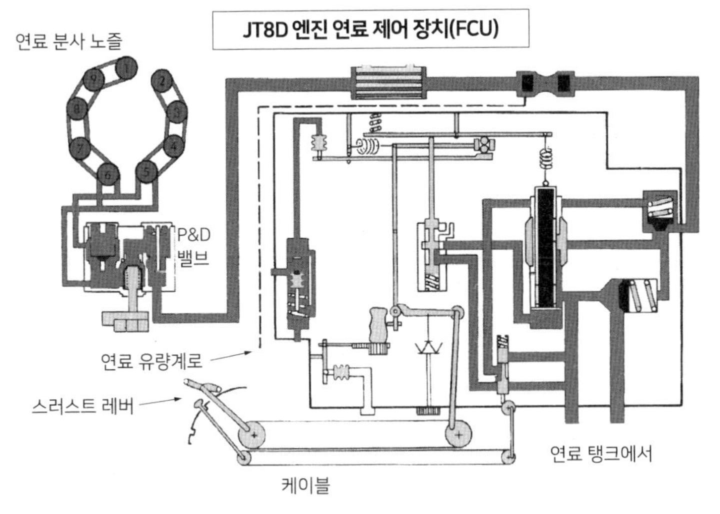

CF6-80C2 엔진 제어 장치

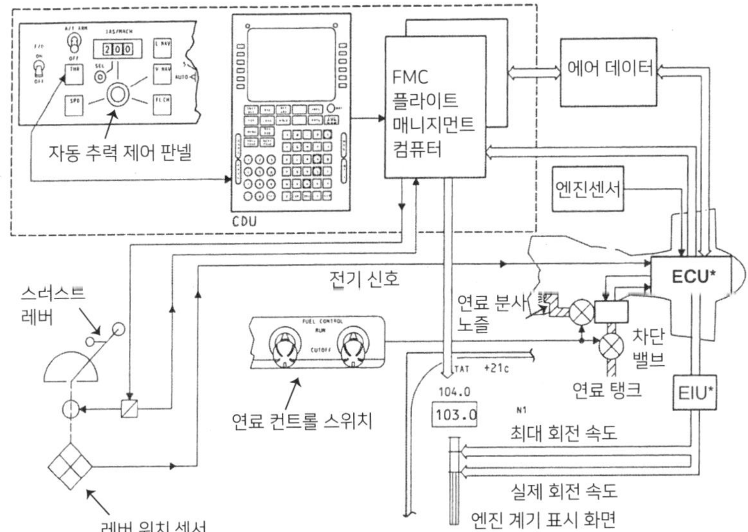

ECU : 엔진 제어 유닛 EIU : 엔진 표시 유닛

21 이륙할 때 어느 정도의 힘을 내는가?

엔진

공항에서의 관찰 결과 ①

터보 팬 엔진의 구조를 조금이나마 알게 됐으니 실제로 어느 정도의 힘을 내고 있는지를 살펴보자. 이를 위해 우선 공항에서 이륙하는 비행기를 관찰하고 추력의 크기를 계산해보자.

이륙 중량이 370톤인 점보기가 활주로 3,300미터의 거리를 사용해서 이륙했다고 하자. 스톱워치로 측정한 활주 개시부터 부양하기까지 필요한 시간은 50초. 관찰 결과에서 계산해보자.

주의해야 할 것은 힘의 단위는 킬로그램 또는 톤과 같이 무게와 같으므로

무게 = 질량 × 중력 가속도

의 관계에서,

질량 = 무게 ÷ 중력 가속도

가 되므로 질량을 구하는 경우에는 중력 가속도로 나누어야 한다.

오른쪽 그림과 같이 이륙 추력을 계산한 결과는 약 100톤이지만 점보기는 4개의 엔진을 장착하고 있기 때문에 엔진 하나당 약 25톤이 된다. 즉 100톤의 앞으로 나아가는 힘으로 무게 370톤을 들어 올리는 셈이다. 이전에 살펴본 순항 중인 양항비는 공기만의 항력과 비교했을 때 18 정도(p.6)였지만 이륙 시에는 보다 더 작아져 3.7 정도가 된다.

그 이유는 속도가 없는 상태로부터 출발하는 경우.

이외에도 항력이 거의 없는 순항 형태(항공계 용어로 클린한 상태라고 한다)로 비행 중인 경우, 랜딩 기어를 내린 상태나 플랩을 펼친 상태에서 이륙하는 경우 등을 들 수 있다. 추가적으로 지면과의 마찰력 등의 항력도 크다는 점 등을 생각할 수 있다.

이륙할 때 어느 정도의 힘을 낼까?

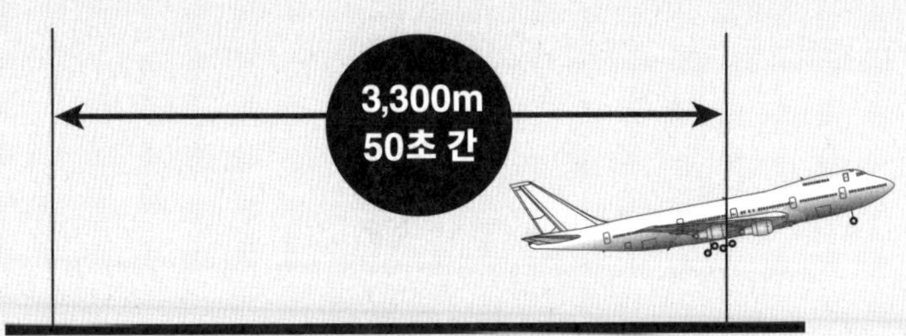

370톤의 점보기가 3,300m를 50초 만에 이륙

(점보기의 질량) ＝370 / 9.8
＝37. 8 $(t \cdot s^2/m)$
(거리) ＝1/2×(가속도)×(시간)^2 에서
(가속도) ＝2×(거리)÷(시간)^2 이므로
(가속도) ＝2×3,300÷50^2
≒2.64 (m/s^2)

가 된다. 그리고 (힘) ＝ (질량) × (가속도) 이므로

(이륙 추력) ＝37. 8 $(t \cdot s^2/m)$ ×2.64 (m/s^2)
≒100 (t)

가 된다. 이 100t의 힘으로 무게 370톤을 들어 올리는 것이다.

덧붙이면 양항비는
(양항비) ＝ (양력) / (항력), (추력) ＝ (항력) 에서
(양항비) ＝ 370÷100＝3.7
이 된다.

22 추력 계산식에서 이륙 추력을 계산한다

엔진

공항에서의 관찰 결과 ②

다음은 추력의 크기를 계산식으로 구해보자.

추력은 앞서 말한 바와 같이 추력 = 단위 시간에 흡입하는

공기의 질량 × 분출 속도 – 비행 속도

로 나타낼 수 있다.

이것을 수식으로 하면 오른쪽 그림과 같다. 앞 페이지에 나온 엔진의 경우 1초간 50미터 풀장 하나분의 공기를 흡입하게 된다. 그러나 바이패스비가 5이므로 그중 83%의 공기는 연소되지 않고 팬에 의해 그대로 가속하여 분출된다. 그리고 오른쪽 그림과 같이 산출한 결과는 25톤이 되고 공항에서 관찰한 결과와 크기가 같다.

그런데 이 추력은 비행 속도를 제로로 계산하지만 실제로는 가속하고 있으므로 비행기 속도를 가미해야 한다.

분출 속도가 일정하다면 비행 속도가 빨라지면 빨라질수록 뺄셈 값이 늘어나므로 필연적으로 가속되는 동시에 추력이 작아진다.

실제로 이 엔진 추력의 크기는 이륙 개시 시에는 100톤인데 공중에 뜨는 순간에는 약 80%, 즉 100×0.8=80톤으로 줄어든다. 다만 시속 700킬로미터 이상이 되면 엔진에 흡입되는 공기가 자연히 많아지는 램 효과에 의해서 추력은 반대로 커지게 된다.

이처럼 비행 중에 실제로 발휘하고 있는 유효한 추력을 정미추력이라고 한다. 그리고 단순히 엔진이 발생하는 추력을 총추력이라고 하며 엔진 관련 카탈로그에 기재되어 있는 추력이란 바로 총추력을 가리킨다.

추력의 식에서 이륙 추력을 계산해보자

엔진의 추력은 비행 속도에 큰 영향을 받는다는 것은 이미 살펴봤다. 이륙 개시 직후의 추력이 이륙 속도 330km까지 가속했을 때 얼마나 변화하는지 조사해보자.

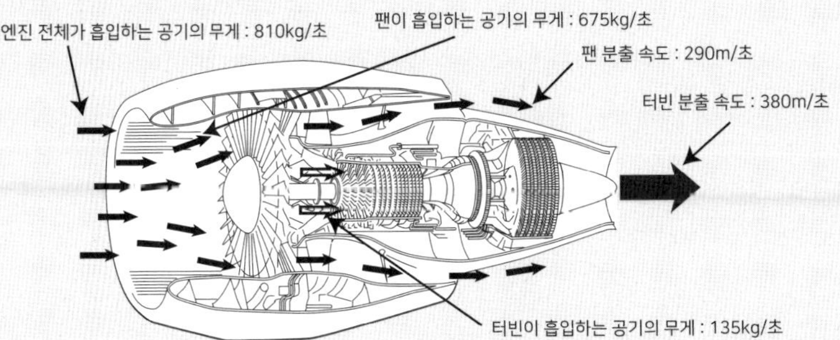

(공기의 질량)=(공기의 무게)÷(중력 가속도:9.8)에서 발생하는 추력은 다음과 같다.

(터빈 추력) = (터빈이 흡입하는 공기의 질량) × (터빈이 분출하는 공기의 속도)
= 135/9.8 × 380
≒ 5톤

(팬 추력) = (팬이 흡입하는 공기의 질량) × (팬이 분출하는 공기의 속도)
= 675/9.8 × 290
≒ 20톤

(엔진 추력) = (터빈이 발생하는 추력) + (팬이 발생하는 추력)
=5톤 + 20톤
≒ 25톤

비행기가 이륙할 때의 속도 330km(92m/초)를 생각하면 추력은

(터빈 추력) = (터빈이 흡입하는 공기의 질량) × (터빈이 분출하는 공기의 속도 - 비행 속도)
= 135/9.8 × (380 - 92)
≒ 4톤

(팬 추력) = (팬이 흡입하는 공기의 질량) × (팬이 분출하는 공기의 속도 - 비행 속도)
= 675/9.8 × (290 - 92)
≒ 14톤

에서

(엔진의 추력) = (터빈이 발생하는 추력) + (팬이 발생하는 추력)
= 4+14
≒ 18톤

으로 추력의 크기는 이륙 개시 시의 70% 정도가 된다.
그러나 실제로는 330km가 되면 엔진에 들어가는 공기의 압력이 높아지는 램 효과에 의해 엔진은 그 압력만큼 추력이 증대하여 80% 정도 저하된 상태를 유지한다.

23 대량의 연료는 어디에 탑재하는 걸까?

엔진

드럼통 약 1,000개 분량의 연료를 넣어둔 곳은 어디?

점보기는 나리타에서 런던까지 나는 데 약 120톤 전후의 연료를 소비한다. 양으로 환산하면 드럼통으로 약 710개 전후. 그러나 공중에서 연료 보급이 불가능하고 목적지 이외의 공항에 착륙해야만 하는 경우 등을 고려해서 실제로 탑재하는 연료는 1,000개 가까이 된다. 물론 비행 루트, 비행기의 무게, 상공의 바람 등에 의해 크게 변화하지만, 이러한 대량의 연료를 도대체 어디에 탑재하고 있는 걸까?

답은 주날개 안이다. 주날개는 양력을 발생하여 비행기의 무게를 받아내는 중심 날개를 말한다. 주날개는 튼튼하면서도 가볍게 하기 위해 오른쪽 그림에 있는 것처럼 스파(Spar, 날개를 안정적으로 유지하는 핵심 구조물)와 리브(Rib, 스파에 직각으로 붙이는 보강재)라 불리는 부재에 둘러싸여 상자 모양으로 돼 있다. 때문에 연료와 같은 액체를 넣기에는 안성맞춤인 형태이다. 다만 모든 공간을 하나의 탱크로 만든 것이 아니라 날개의 구조를 이용해서 몇 개의 탱크로 나누었다.

연료 탱크가 여러 개로 만들어진 것은 비행기의 자세가 변해도 연료가 탱크 안에서 멋대로 이동하지 않도록 하기 위해서다. 170톤 무게의 연료가 비행기의 자세가 바뀔 때마다 멋대로 이동한다면 자유롭게 날 수 없다. 또한 연료는 중심(重心) 이외에 중석(重石)이라는 중요한 역할도 담당하고 있다. 비행기의 무게를 지탱하고 있는 것은 주날개이다.

주날개, 특히 날개가 동체와 접합되는 부분에는 큰 하중(외부에서 가해지는 힘)이 작용한다. 큰 하중을 완화하는 무겟돌의 역할을 하는 것이 날개 안의 연료, 170톤의 무게인 것이다.

엔진의 식량인 연료는 어디에 실나?

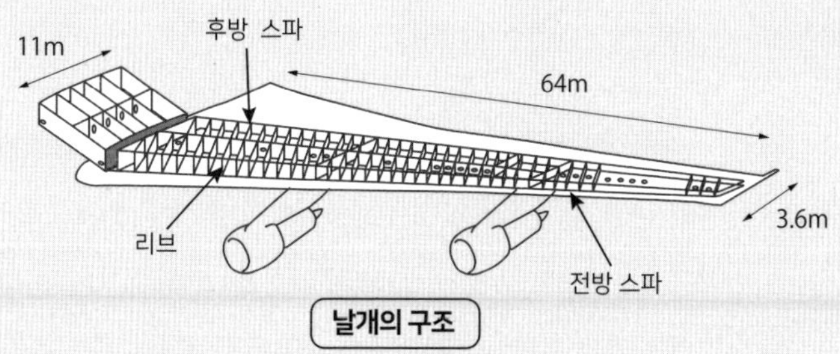

날개의 구조

점보기 날개의 길이는 64m, 날개가 동체와 접합되는(루프) 부분의 폭은 11m, 날개 끝은 3.6m이다. 날개의 두께를 1m로 해서 단순한 사각 상자로 하면 5m × 50m × 1m가 된다.

여기에서 상자의 체적 = 5 × 50 × 1 = 250m³이 된다. 1m³은 1,000ℓ 이므로 리터로 환산하면 약 250,000ℓ 가 된다.

실제로 사양(사용하는 항공회사)에 의해서도 다르지만 점보기는 약 2,160,000ℓ, 드럼통으로 하면 약 1,080개의 연료가 들어간다. 연료의 무게는 점보기 전체 무게의 40% 이상이나 차지한다.

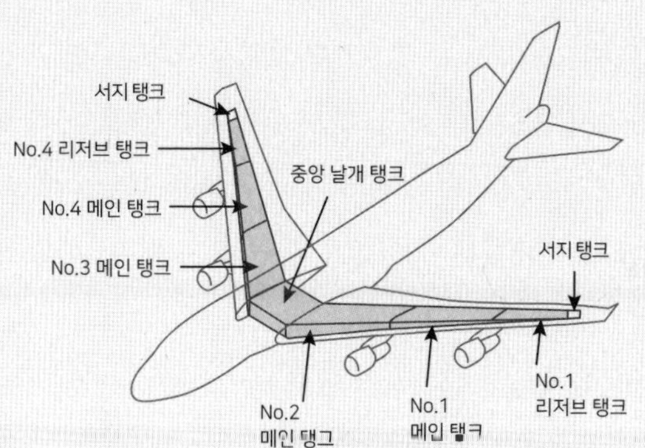

세부 구분되어 있는 연료 탱크

날개의 형상에서 연료가 들어가는 양은
중앙 날개 탱크 > No.2&3 메인 탱크 > No. 1&4 메인 탱크 > No. 1&4 리저브 탱크의 순이다.

또한 날개 끝에는 서지 탱크라 불리는 통기구가 있다. 종이 팩의 우유를 빨대로 마시면 팩이 찌그러지지만 빨대 입구 이외에도 구멍이 뚫려 있으면 팩은 찌그러지지 않고 마시기도 쉽다.

이와 마찬가지로 통기구의 역할은 메인 날개가 찌그러지지 않도록 하는 것과 연료를 엔진으로 쉽게 보내기 위해서다.

24 엔진까지의 이동 경로를 살펴본다

엔진

연료는 어떻게 연료실까지 도달하는 걸까?

날개가 붙은 루트 부분의 강도 유지를 위해 연료가 최대한 무게돌 역할을 하도록 동체에 가까운 탱크 내의 연료부터 사용하는 것이 최선이다. 때문에 어느 탱크에서라도 모든 엔진에 연료를 보낼 수 있어야 한다.

이것을 가능케 하는 장치가 부스트 펌프라 불리는 연료 탱크 내에 설치된 펌프와 가압된 연료를 보내는 크로스 피드 라인이라 불리는 파이프라인이다. 펌프의 온 오프와 각 파이프라인 밸브의 개폐에 의해 어느 탱크에서라도 모든 엔진에 연료를 보낼 수가 있다.

탱크에서 송출된 연료는 그대로 엔진으로 들어가는 것은 아니다. 비행기는 고도와 위도 모두 높은 곳을 날기 때문에 외기 온도가 마이너스 70℃가 되기도 한다. 그러한 공역을 장시간 날고 있으면 외기에 영향을 받아 날개 안의 연료 온도가 내려간다. 연료에 미량이라도 수분이 함유되어 있으면 수분이 얼거나 연료 온도가 마이너스 40℃ 전후가 되면 연료의 점성 등이 변화한다.

어느 경우든 연료 제어 장치와 연료 분사 노즐이 막히면 엔진이 정상으로 작동하지 않게 된다. 심한 경우 엔진 정지의 위험도 존재한다. 때문에 뜨거워진 엔진 오일과 열 교환(연료는 데워지고 오일은 차가워져서 일거양득)한 후 여과하는 필터를 통과해서 연료 제어 장치로 들어가도록 되어 있다.

연료 제어 장치 안에서는 스러스트 레버 위치와 비행 속도, 기온 등의 신호를 받아 유압식 기계 장치(HMU)에 의해 최종적으로 연료 유량이 결정되고 연소실로 보내진다.

연료 탱크에서 엔진까지

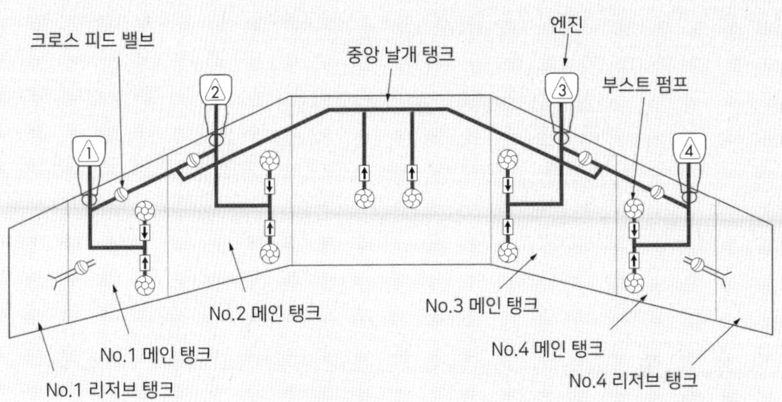

연료 탱크
부스트 펌프
연료 차단 밸브
연료 펌프
압축기 제어
유압 기계 장치
HMU
연료 제어 장치
열교환기
스러스트 레버 위치
연료 미터링 밸브
(연료 유량을 정하는 밸브)
윤활유
필터
연료 차단 밸브
연료 유량계
연료 분사 노즐

성층권에서 보는 오로라

자북(磁北)과 정북(正北)

겨울의 앵커리지 공항에서 비행기의 외부 점검을 하던 중 상공을 올려다보면 때때로 연한 핑크색과 물색 혹은 연한 녹색이 섞여 있는 오로라를 볼 수 있다. 그러나 10,000m 이상의 상공에서는 연한 갈색 또는 연한 물색의 단색 오로라밖에 볼 수 없다. 북미 상공뿐 아니라 러시아 상공에서도 볼 수 있으며 마치 바람에 흔들리는 커튼과 같이 움직이며 웅대한 자연에 시간이 지나가는 것을 잊어버린다. 앵커리지 공항을 이륙해서 유럽으로 향하는 비행편은 북극권을 경유하는 루트(폴라 루트라고 한다)를 지난다. 그 옛날 일본에서 미국 동해안 방면과 유럽 방면으로 가는 비행편은 연료를 보급하기 위해 반드시 앵커리지를 경유했지만 비행기의 성능 향상으로 대부분이 직항편이 됐다. 하지만, 현재도 앵커리지를 경유하여 유럽으로 가는 비행편이 있다.

그럼, 폴라 루트상에서는 지도상의 북쪽인 '정북'과 자석이 가리키는 '자북'의 차이를 실감할 수 있다. 자기 컴퍼스 계기와 정북을 지시하는 계기의 양방을 보고 있으면 각각 역방향의 북쪽을 가리키는 일이 벌어진다. 북극점과 북자극 사이를 통과했기 때문이다. 그리고 각각의 북쪽을 가리키는 계기가 따로 따로 움직여, 문자 그대로 북쪽의 끝에 있다는 것을 알 수 있다.

제 3 장

어떻게 자유롭게 하늘을 나는 걸까?

25 자유롭게 날기 위한 '여러 가지 날개'

날개

플랩, 보조날개(에일러론), 엘리베이터, 러더(방향키)

기내에서 주날개 가까이의 좌석에 앉으면 엔진의 스타트가 종료하고 비행기가 움직이면 바로 바닥 아래에서 '윙' 하는 기계음이 들린다. 이륙 시에 필요한 플랩이라고 불리는 장치가 주날개에서 나오는 소리이다. 날개 앞에서 조금 나와 있는 것이 앞전 플랩(Leading Edge Flap 또는 Slat), 날개 뒤쪽에서 내려뜨려서 나와 있는 것이 뒷전 플랩이다.

그리고 창문으로 보면 다른 비행기의 날개에 있는 더 작은 날개가 움직이고 있는 것이 보인다. 우선 에일러론(보조날개)이라 불리는 주날개에 있는 보조날개가 크게 움직이고 있다. 다음으로 수평 꼬리날개에 있는 엘리베이터(승강타), 이어서 수직 꼬리날개에 있는 러더(방향타)가 움직인다.

이륙에 앞서 이들 타면(동익, 또는 조종 날개면, 영어로는 컨트롤 서피스)이라 불리는, 자유로운 비행을 위한 장치를 점검하고 있는 것이다. 플랩을 낸 후에 점검하는 이유는 바깥쪽에 있는 저속 에일러론은 플랩을 내리면 작동하도록 되어 있기 때문이다. 플랩은 이륙 시에는 양력을, 착륙 시에는 양력과 동시에 항력도 커지는 장치이다. 주날개에 있는 에일러론은 좌우로 기울거나 회전을 위한 장치이다.

그리고 수평 꼬리날개에 있는 엘리베이터는 기수를 높여 상승과 감속, 기수를 낮추어 하강과 증속하기 위해 있으며 수직 꼬리날개에 있는 러더는 기수를 좌우로 돌리기 위해 있다. 또한 주날개는 양력을 발생시켜 비행기를 지탱하는 역할 외에 가로 방향의 안정을 위해서도 필요하다. 그리고 수평 꼬리날개는 엘리베이터와 협력해서 세로 균형을 유지하기 위한, 수직 꼬리날개는 방향 안정을 위한 날개이다.

비행기의 각부 명칭

보잉777

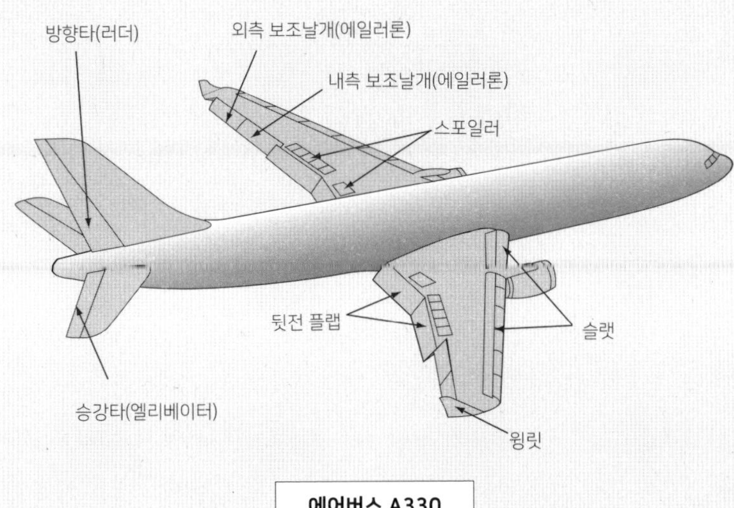

에어버스 A330

26 왜 플랩이 필요한가?

날개

제트 여객기는 서행이 서툴렀다

제트 여객기의 날개는 빠르게 날 수 있도록 작고 얇게 만들어져 있다. 때문에 서행이 전문은 아니다. 그러나 이륙과 착륙할 때는 감속을 해야 한다. 빠른 속도라면 이륙과 착륙 거리가 길어지고 활주로의 길이에는 한도가 있다. 가령 활주로가 무한으로 길다고 해도 비행기에도 한계가 있다.

예를 들면 새는 빠른 속도로 날아오르려고 하다 보면 다리가 꺾일 우려가 있다. 그렇다고 해서 다리를 너무 튼튼하게 하면 타조와 같이 빠르게 달리는 것은 가능해도 하늘을 날 수 없는 새가 돼 버린다. 비행기의 경우도 마찬가지다. 다리를 튼튼하고 무겁게 만드는 것보다 가능한 한 속도를 줄여 이착륙하는 것이 최선이다. 이러한 이유로 가능한 한 느린 속도에서 큰 양력을 얻을 수 있는 방법을 고안해야 한다. 이 장치가 바로 플랩이다.

플랩은 번역하면 '새의 날개가 퍼덕이다' 또는 '호주머니 위에 달린 납작한 덮개' 등의 의미가 있지만 그대로 플랩이라고 부른다. 양력을 계산하는 식에서 양력을 크게 하기 위해서는 양력계수와 날개 면적을 크게 할 필요가 있는 것을 확인하였는데, 이 두 가지를 일거에 해결하는 것이 플랩이다.

플랩은 날개 면적과 날개의 굴곡(캠버)을 크게 함으로써 느린 속도에서도 양력을 크게 할 수 있는 장치이다.

한편 플랩을 꺼내면 양력과 함께 항력도 커져 버린다. 그래서 양력만 필요한 이륙 시에는 적당히, 양력과 동시에 항력도 필요한 착륙 시에는 많이 펼치는 식으로 작동한다.

왜 플랩이 필요한가?

$$L=C_L\cdot\frac{1}{2}\cdot\rho\cdot V^2\cdot S$$

받음각 작다
CL 작다
양력 작다

양력을 크게 하는 방법
- CL : 양력계수를 크게 한다.
- S : 날개 면적을 크게 한다.

받음각 크다
CL 크다
양력 크다

받음각을 크게 하면 유선이 보다 크게 휘는 양력계수 CL이 커지므로 양력이 커진다.

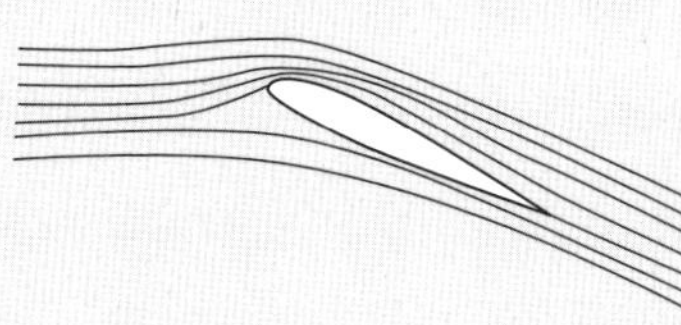

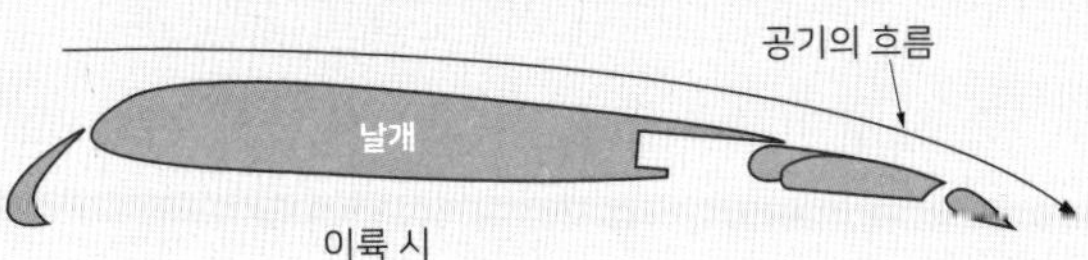

순항 시

이륙 시

주날개의 굴곡과 날개 면적을 크게 해 받음각을 크게 함으로써 기류가 크게 휘므로 양력이 커진다.

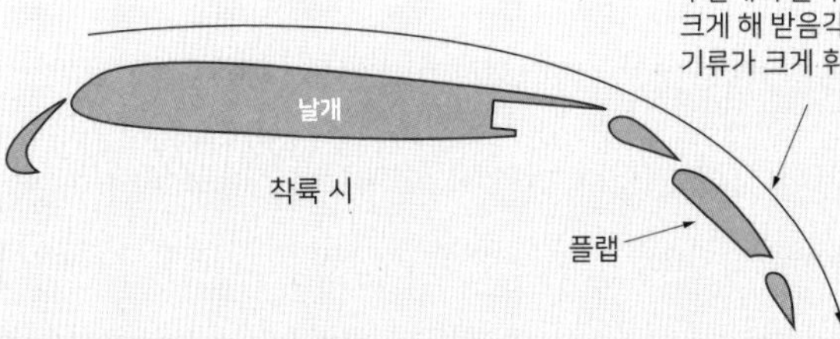

착륙 시

27 비행기는 주날개만으로는 안정적으로 날지 못한다

날개

수평 꼬리날개와 수직 꼬리날개의 역할

비행기가 자유롭게 날기 위한 가장 기본은 똑바로 안정적으로 날 수 있어야 한다. 그 역할을 하는 것이 수평 꼬리날개와 수직 꼬리날개이다. 각각 수평 안정판, 수직 안정판이라고도 불리는 것처럼 비행기를 안정시키기 위한 날개이다.

우선 수평 꼬리날개부터 살펴보자. 지금까지 이 책에서는 편의상 양력과 중력이 작용하는 위치는 같다고 했다. 하지만 실제로 비행기는 중심 위치와 양력이 작용하는 중심 위치(풍압 중심이라고 한다)가 다르다. 제트 여객기는 승객과 화물, 연료에 따라 중심 위치가 크게 변화하며, 이 변화에 대응하는 것이 중요하다. 이를 위해 오른쪽 그림에서 보듯이 균형을 잡고 있는 것이 수평 꼬리날개이다.

역할은 그뿐 아니다. 돌풍 등으로 항공기 기수가 들어 올려졌을 때 수평 꼬리날개의 받음각이 커지기 때문에 지금까지보다 양력이 커져 기수를 낮추는 힘이 작용해서 자연스레 원래의 수평 상태로 돌아갈 수 있다.

수직 꼬리날개의 역할도 중요하다. 돌풍 등에 의해 기수가 가령 왼쪽으로 돌아갔다고 하자. 그러면 수직 꼬리날개의 받음각이 커져 양력이 발생하고, 이 힘에 의해 자연히 원래 상태로 돌아가게 된다. 이 현상은 풍향계의 움직임과 비슷하다고 해서 '바람개비 효과'라고도 부른다. 한편 수직 꼬리날개는 굴곡이 좌우 대칭을 이루고 있다. 이것은 받음각이 제로일 때 양력을 발생시키지 않도록 하기 위하여 고안된 것이다.

수평 꼬리날개도 수직 꼬리날개도 파일럿의 특별한 조작 없이 복원하는 힘을 발휘하는 날개라고 할 수 있다.

균형과 안정을 유지하는 역할

중심 위치

양력

풍압 중심

수평 꼬리날개의 양력

중력

풍압 중심

양력

중심 위치

수평 꼬리날개의 양력

중력

원래 상태로 돌아가는 힘

수평 꼬리날개의 양력

공기의 흐름

비행 방향

공기의 흐름

수직 꼬리날개의 양력

원래 상태로 돌아가는 힘

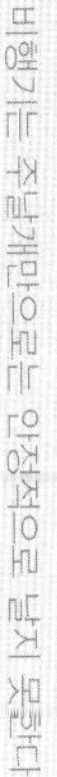

28 자유롭게 날기 위한 3키(타)와 3방향

날개

피칭, 요잉, 롤링

비행기가 자유롭게 하늘을 날기 위한 키와 방향의 관계를 간단하게 알아보자. 오른쪽 그림과 같이 에일러론, 엘리베이터, 러더의 3개 키는 3방향과 밀접한 관계에 있다. 수평 꼬리날개의 역할은 피칭(세로 흔들림)에 대한 안정, 수직 꼬리날개의 역할은 요잉(편 흔들림)에 대한 안정이다.

또한 주날개가 위로 조금 휘어서(상반각이라고 한다) 제비날개와 같이 뒤로 휘어 있는(후퇴각이라고 한다) 것은 롤링(가로 흔들림)과 가로 미끄러짐 등을 방지하기 위해서이기도 하다.

이들 3방향으로 키를 잡기 위해서는 무게 중심(重心)을 기준으로 회전시키면 된다. 이때 회전시키는 능률을 모멘트라고 부르며,

힘 × 거리

로 나타낸다. 작은 힘으로도 회전의 중심에서 거리가 있으면 큰 힘을 발휘할 수 있다. 단위는 일을 하는 능력의 에너지와 같지만 모멘트는 일을 하는 능률이라고 생각할 수 있다. 그리고 3방향으로 회전시키는 모멘트를 각각 피칭 모멘트, 롤링 모멘트, 요잉 모멘트라고 부른다.

주날개, 수평 꼬리날개, 수직 꼬리날개의 3날개로 안정적으로 똑바로 날 수 있는 것은 이 균형을 잘 무너뜨림으로써 가능하다. 실제로 새는 선회할 때는 날개를 교묘하게 비틀어서 날개의 휨 정도(캠버)를 바꾸어 좌우의 양력 균형을 무너뜨려 방향을 바꾼다.

라이트 형제의 비행기는 새를 흉내 내어 날개 끝을 비틀어서 방향을 바꾸었다. 그러나 그 방법은 조종하기에는 너무 어려웠던 것 같다.

3개의 키와 3방향

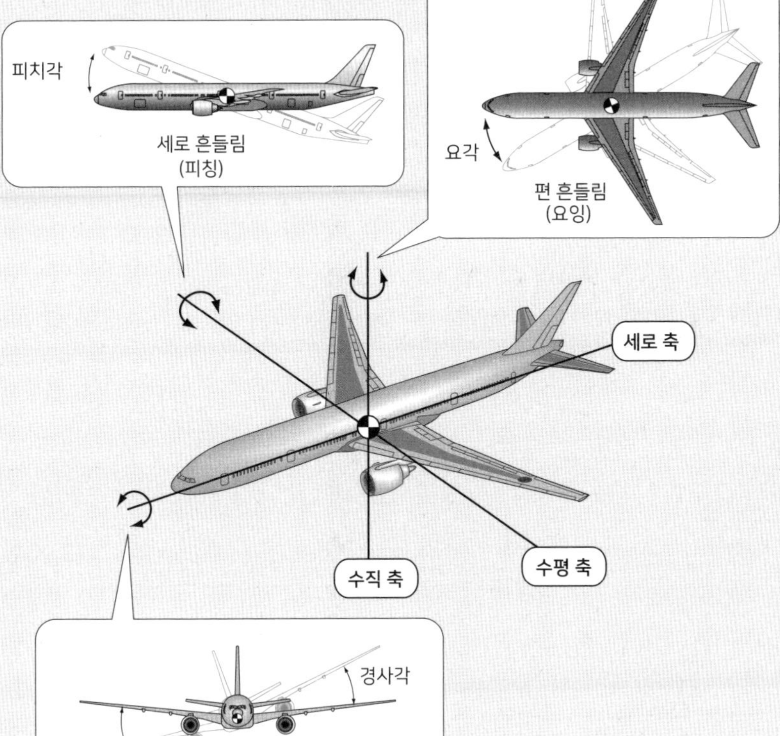

축	각도	움직임	조종 날개면	안정
수평 축	피치각	피칭	엘리베이터	세로 안정
세로 축	경사각	롤링	에일러론	가로 안정
수직 축	요각	요잉	러더	방향 안정

29 보조날개(에일러론)의 중요한 역할

저속용 에일러론과 고속용 에일러론의 차이

새를 흉내 내지 않고 비행기가 방향을 바꾸는 방법은 주날개에 작은 움직이는 날개를 붙여 해결했다. 작은 날개로 주날개의 일부 캠버(Camber)를 바꾸어 양력의 크기를 가감하면 자유롭게 기울어지게 할 수 있다. 이 작은 날개가 보조익이라고 불리는 에일러론이다. 예를 들면 조종간을 오른쪽으로 돌리면 오른쪽 그림과 같이 왼쪽의 에일러론이 내려가고 오른쪽 에일러론이 올라간다. 이처럼 좌우 반대의 캠버를 만들면 왼쪽 날개의 양력이 커지고 조종간을 오른쪽으로 돌린 양에 맞추어 롤링 모멘트가 발생하여 오른쪽으로 선회할 수 있다.

한편 대형 제트 여객기는 강도상의 문제에서 날개 끝부분 가까이에 있는 저속용과 날개 중앙 부근에 있는 고속용 에일러론 2개로 나뉘어 있다. 강도가 약한 날개 끝 가까이에 있는 저속용 에일러론은 문자 그대로 저속 용도로만 작동하는 에일러론이다. 조종간을 당기면 엘리베이터가 위로 움직여 수평 꼬리날개의 캠버 변화에 의해 아래 방향의 양력이 커진다. 그 결과 무게 중심을 축으로 상향의 피칭 모멘트가 작용하고 조종간을 당긴 양에 맞추어 기수가 위로 향한다. 조종간을 밀면 그 반대가 된다. 그런데 연료 소비에 따라 변하는 무게 중심 위치의 변동에 대응하는 키의 효과를 추구하면 큰 타면이 필요하다. 그러나 수평 꼬리날개를 움직여서 받음각을 바꾸면 엘리베이터는 작은 날개면으로 피치를 컨트롤하는 일에 전념할 수 있다. 이것이 스테빌라이저 트림이라는 장치로 대부분의 대형 제트 여객기가 이 방식을 채용하고 있다. 수평 꼬리날개의 받음각을 조금 바꾸면 미묘한 피칭 모멘트의 컨트롤이 가능하고 무게 중심의 변화에도 대응할 수 있다.

조종간을 오른쪽으로 돌리면

비행기를 뒤에서 본 경우, 아무런 움직임을 가하지 않은 상태에서의 압력 분포

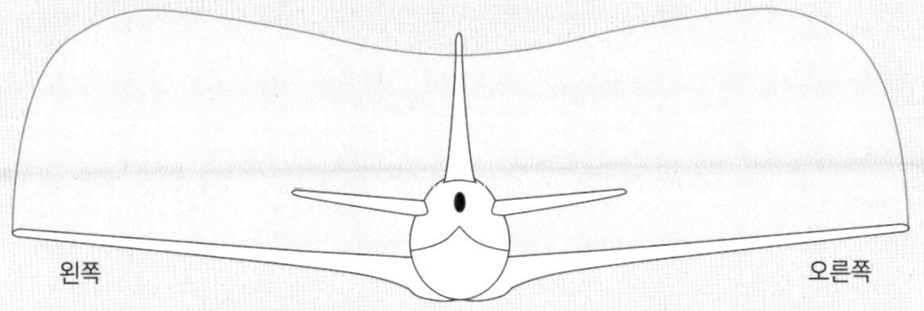

조종간을 오른쪽으로 돌리면….
왼쪽 에일러론이 내려가고 오른쪽 에일러론이 올라가므로
압력 분포의 변화가 일어나 시계 방향의 모멘트가 발생하여
오른쪽으로 선회한다.

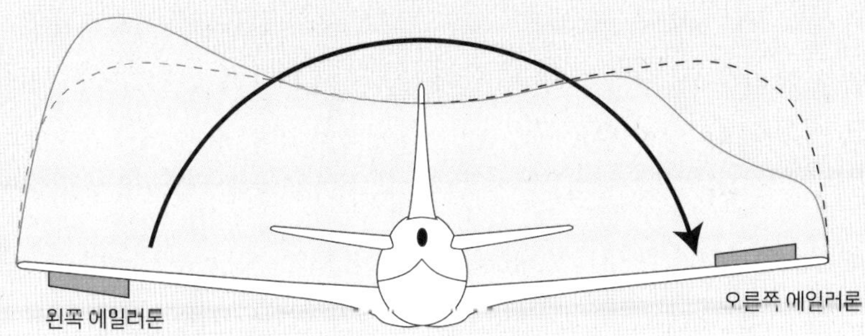

그림은 저속용 에일러론의 예인데 실제로는 고속용 에일러론도 마찬가지로 움직인다. 저속용 에일러론과 같이 날개 끝 가까이에 있으면 중심 위치에서 거리가 있으므로 작은 힘으로도 큰 모멘트를 얻을 수 있는 이점이 있다. 그러나 고속이 되면 강도가 약한 날개 끝에 하중이 작용한다. 때문에 고속 비행을 하면 저속용 에일러론은 작동하지 않는다.

30 러더의 2가지 중요한 역할

날개

기수의 방향만 바꾸는 게 아닌 '숨은 기능'

오른쪽 러더 페달을 밟으면 수직 꼬리날개의 왼쪽 날개면에 양력이 발생하여 중심 위치를 중심으로 오른쪽 방향의 요잉 모멘트가 작용해서 기수가 오른쪽으로 향한다.

방향타는 이름 그대로 '방향으로 돌기 위한 키'라고 생각하기 쉽지만, 어디까지나 기수를 그 방향으로 돌릴 뿐이다.

왜냐하면 기수를 돌리는 방향으로 향해도 구심력(중심으로 향하는 힘)이 발생하지 않는다. 선회하려면 구심력을 발생시키기 위해 비행기가 방향을 바꾸는 쪽으로 기울어지지 않으면 안 된다. 러더만으로는 기울일 수가 없고 단지 선회하는 데 도움을 주는 것에 지나지 않는다.

사실 러더에는 좀 더 중요한 역할이 있다. 예를 들면 가장 우측의 엔진이 고장 난 경우. 좌우의 추력 차에 의해서 고장 난 엔진 쪽으로 기수가 흔들라는 요잉 모멘트가 발생한다. 이 모멘트를 없애는 것이 러더이다.

우측 엔진이 고장 난 경우에는 그대로라면 좌측의 엔진 추력에 의해서 오른쪽을 향한 요잉 모멘트가 작용하여 오른쪽으로 기수가 향한다. 그래서 왼쪽 러더 페달을 밟아 왼쪽을 향하는 요잉 모멘트를 만든다. 그리고 추력 비대칭에 의한 모멘트를 없애는 것이다. 또 하나 러더의 '숨은 기능'에는 요 댐퍼라 불리는 장치가 있다.

비행기의 추락을 연상시키는 더치 롤이라는 상태가 있다. 롤링과 요잉을 반복하여 8자를 그리도록 불안정하게 비행하는 것인데, 요 댐퍼가 이를 일찌감치 알아차린다. 그리고 러더에 미소한 움직임을 하도록 해 안정시킬 수 있다.

러더의 역할

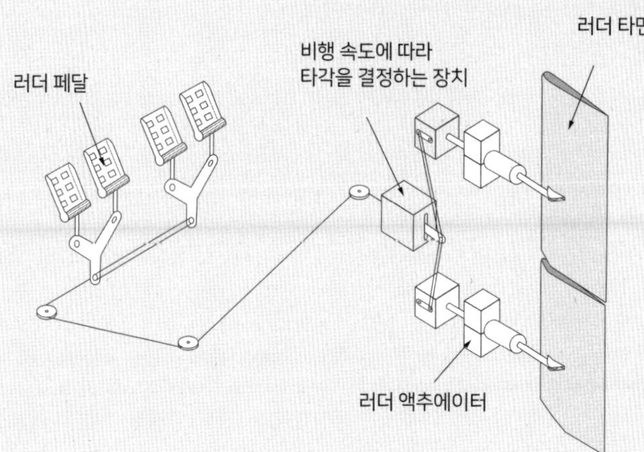

엔진 고장 시 러더의 기능

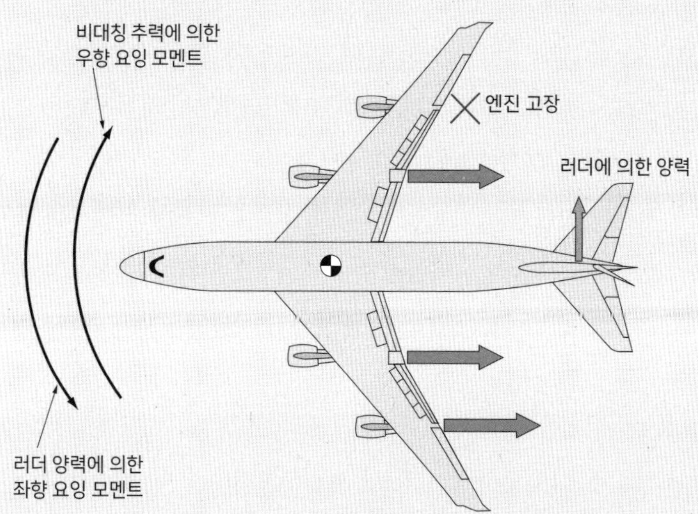

러더에 발생하는 양력에 의해 비행기는 직진할 수 있다.

31 공중에서 방향을 바꿀 때 힘의 균형

날개

일정한 회전 반경을 유지하면서 선회하려면

솔개가 빙그르 원을 그리고 날아가는 모습을 잘 보면 몸을 기울이면서 돌고 있다. 마찬가지로 비행기도 반드시 기체를 기울여서 방향을 바꾼다. 공중에서 곡선을 그리며 방향을 바꾸는 것을 선회라고 하며 원운동의 일부라고 생각할 수 있다.

오른쪽 그림과 같이 실을 매단 구를 회전시킨 경우 실이 구를 당기는 힘(구심력)과 구가 원의 바깥쪽으로 나아가려는 힘(원심력)이 균형을 이루어 원운동을 한다.

실을 잡은 손을 놓으면 균형이 무너지며 구는 어딘가로 날아간다. 즉 구심력이 없으면 원운동은 불가능하다.

비행기의 경우도 이와 마찬가지이며 일정한 고도를 유지하면서 선회하고 있을 때 힘의 관계는 그림과 같다. 비행기가 기울어지면서 생기는 양력의 힘이 구심력이다. 이 힘이 실 대신 당겨준다.

다시 말해 선회하려면 원심력에 맞는 구심력을 만들기 위해 기울여서 일정한 직진 경로를 유지하기 위해 비행기 날개에 걸리는 하중과 균형 잡는 양력을 만들어야 한다.

비행기 날개에 걸리는 하중과 실제의 무게 비를 하중 배수라고 한다. 제트 여객기가 선회할 때 기울기 각도(뱅크 각)가 30도 정도라도 1.15배의 힘이 작용하고 있다. 이 힘을 일반적으로는 G(지)라고 부르며 1.15G라고 나타낸다. 선회를 개시할 때 팔을 올리면 평소보다 무겁게 느껴지는 일이 있다. 팔에도 1.15G가 작용하기 때문이다. 물론 좌석에 떠밀리는 것처럼 느껴지는 것도 G에 의한 것이다.

공중에서 방향을 바꾸려면

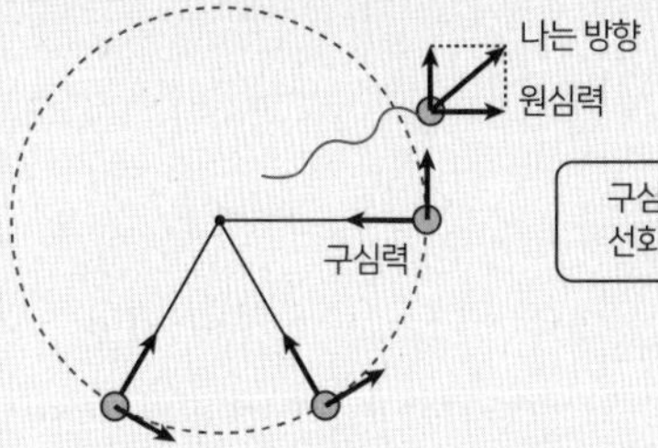

나는 방향
원심력
구심력

구심력과 원심력의 균형이 무너지면
선회할 수 없게 된다.

양력은 공기의 흐름에 직각으로, 즉 날개에 대해 수직으로 작용한다.
한편 중력은 지구의 중심을 향해 있으므로 비행기의 무게 방향은 변하지 않는다.
그리고 비행기에 걸리는 하중은 그림에서

L = (비행기에 걸리는 하중)
$L \cdot \cos\theta = W$
에서

(비행기에 걸리는 하중) = $\dfrac{1}{\cos\theta}$ × (실제의 무게)

가 되어 실제 무게보다 무거워진다.
예를 들면 30°의 기울기라면

(비행기에 걸리는 하중) = 1.15 × (실제 무게)
가 된다.

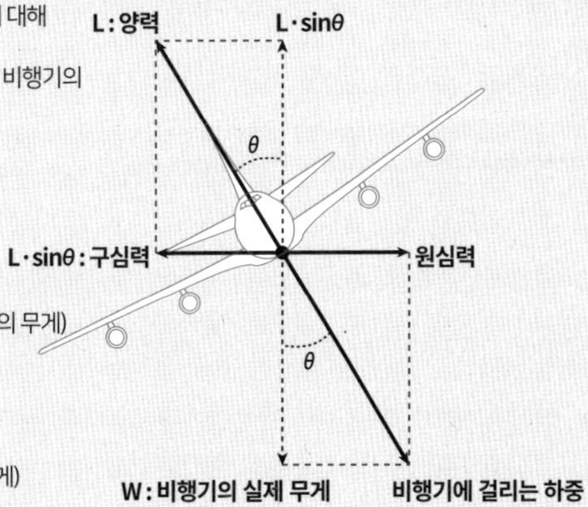

L : 양력
$L \cdot \sin\theta$
θ
$L \cdot \sin\theta$: 구심력
원심력
θ
W : 비행기의 실제 무게
비행기에 걸리는 하중

기울기의 각도를 '뱅크 각'이라고 하며 뱅크 각을 30°로 하면
원심력(향심력)의 크기 = 390 · sin30° ≒ 6톤
cos30° = (비행기의 무게) / (비행기에 걸리는 하중)에서
(비행기에 걸리는 하중) = 390/cos30°
= 390 × 1.15
≒ 450톤
이 된다. 날개에 이 만큼의 힘이 작용하게 된다.
1/cosθ를 n으로 나타내고 '하중 배수'라고 부른다. 예를 들어 30° 뱅크의 경우에는 n = 1.15가 되지만 일반적으로 1.15g(지)으로 표현한다. 선회를 개시할 때 팔을 올리면 1.15g를 체험할 수 있을지 모른다.

32 상승할 때 힘의 균형

날개

엔진의 힘에 의한 것이지, 양력은 아니다

자동차로 주행하다가 언덕길을 오를 때면 액셀을 밟아 엔진의 회전수를 높여야 한다. 비행기도 마찬가지다. 상승할 때는 엔진을 최대 상승 추력으로 올려야 한다. 왜 엔진 추력을 높여야 할까?

상승하고 있을 때 힘의 관계는 오른쪽 그림과 같다. 자동차가 언덕길을 오를 때 기울어져서 증가하는 항력을 '구배 항력'이라고 한다. 자동차가 무거우면 무거울수록 또한 경사가 급할수록 구배 항력이 커지기 때문에 고속도로에 대형 차량을 위한 저속 차선이 있는 것도 이해할 수 있다.

비행기도 마찬가지로 상승하기 위해 기수가 상향 자세가 되면 비행기 무게의 분력(무게에서 오는 힘)은 진행 방향과는 반대의 힘으로 작용한다. 다시 말해 항력에 가세하는 것이다. 수평 비행일 때보다 그 분력 때문에 큰 추력이 필요하다. 비행기가 무거우면 무거울수록 분력은 커져 상승이 지연되는 것을 알 수 있다. 상승할 때 엔진을 최대 상승 추력으로 높이지 않으면 안 되는 것에서 알 수 있듯이 상승은 엔진의 힘이며 양력을 크게 한다고 해서 상승하는 것이 아니다.

만약 양력을 크게 해서 상승했다고 하면 엘리베이터로 상승할 때 몸이 무겁게 느껴지듯이 중력 가속도가 작용한다. 다시 말해 1G 이상의 힘이 작용하므로 승차감이 나쁠 뿐 아니라 비행기에 쓸데없는 힘이 작용해서 강도상 문제가 일어난다.

오른쪽 그림에서 보듯이 상승할 때 양력은 작아진다. 엔진 추력이 양력을 대신하기 때문이다. 만약 수직으로 상승하는 거라면 비행기의 무게를 엔진이 담당하므로 양력은 필요 없다.

상승 시 힘의 균형

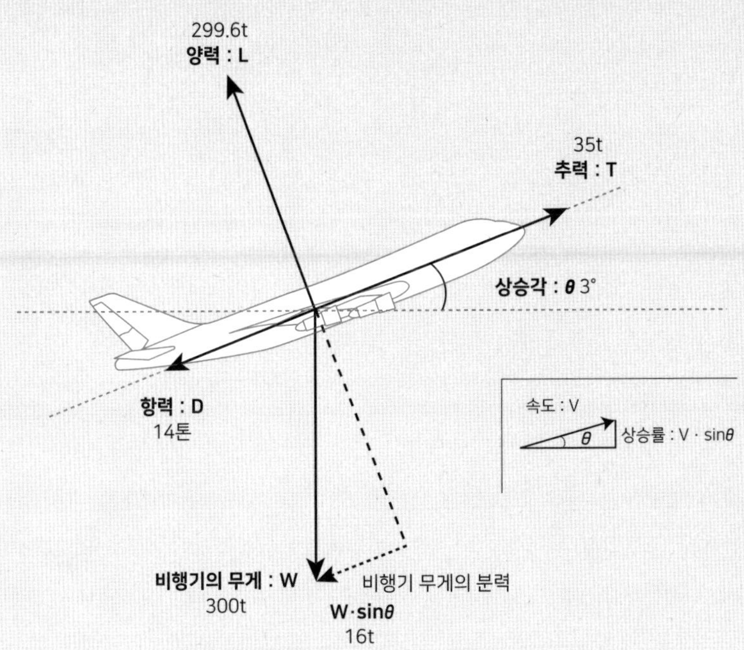

힘의 균형 $T=D+W\cdot\sin\theta$ 및 상승률 $V\cdot\sin\theta$ 에서

상승률 $= \dfrac{T-D}{W} \cdot V$

가 된다.

무게 300t의 비행기가 상승 자세가 되면 발생하는 중력의 분력 16t은 진행 방향과는 반대 방향의 힘으로 작용한다. 이것은 자동차가 언덕길을 오를 때 발생하는 구배 저항과 같다. 때문에 상승을 방해하는 힘으로는 항력 14t에 중력의 분력 16t을 추가한

14 + 16 = 30t

이 되므로 상승률을 얻기 위해서는 30t 이상의 추력이 필요하다. 이처럼 추력으로 상승하는 것이지, 양력을 크게 해서 상승하는 것이 아니다.

33 하강할 때 힘의 균형

날개

자신의 무게도 추력이 된다

하강할 때는 양력을 작게 하고 비행기의 무게에 맡기고 하강하는 것은 아니다. 엔진의 출력을 줄여 기수를 낮추고 있다. 비행기가 무거울수록 천천히 하강한다. 하강하고 있을 때 양력은 상승할 때와 마찬가지로 날개에 직각으로 작용한다. 또한 비행기의 무게는 지구의 중심으로 향하기 때문에 오른쪽 그림과 같이 상승할 때와 반대가 된다.

이 그림에서 비행기 무게의 분력이 추진력이 되고 있는 것을 알 수 있다. 상승 시에 항력이 된 것과 반대이다. 한편 중력이 없는 글라이더는 자신의 무게에 해당하는 분만큼 힘을 추력(진행 방향으로 추진하는 힘)으로 사용해서 자유롭게 날 수 있다. 또한 하강 중에 엔진은 아이들(완속 운전 상태)이지만 유효한 추력은 발생하지 않는다.

그보다도 자동차가 경사 길을 내려갈 때의 엔진 브레이크와 같이 진행 방향과는 반대의 힘인 항력이 작용하고 있다.

왜냐하면 제트 엔진의 아이들 추력은 높은 고도에 빠른 속도인 경우에는 분출 가스의 속도가 작아 공기에 운동을 시키지 않으므로 추력을 발생하지 않는다.

그런데 속도계의 지시가 같은 상태로 하강하는 경우 비행기가 무거우면 무거울수록 천천히 하강하는 것은 왜일까?

비행기가 무거우면 무게를 지탱하는 양력도 커진다. 또한 속도계의 지시값이 같다면 동압은 일정하기 때문에 그에 비례하는 항력도 일정하다. 따라서 양력과 항력의 비인 양항비는 무거울 때일수록 커지므로 양항비가 큰 글라이더와 마찬가지로 천천히 하강하는 것이다.

하강할 때 균형

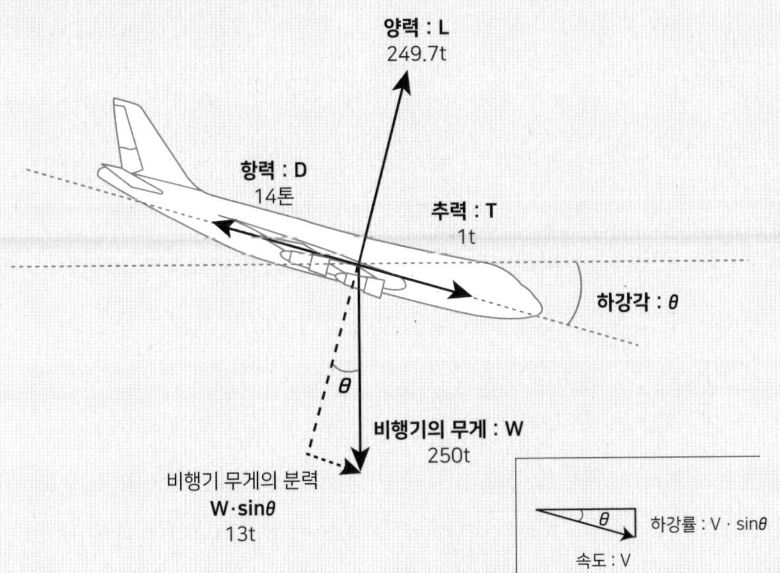

일정한 속도로 하강하는 경우

$D=T+W\cdot\sin\theta$ 에서

$\sin\theta=\dfrac{D-T}{W}$

하강률 $V\cdot\sin\theta$ 에서

하강률 $=\dfrac{D-T}{W}\cdot V$

가 된다.

하강할 때는 기수 하강 자세가 되면 비행기의 무게 250t의 분력 13t이 전진하는 힘이 된다.
한편 추력이 마이너스 1t인 이유는 아이들 추력으로는 비행 속도 이상의 속도로 분사할 수 없기 때문에 공기에 운동을 시킬 수 없기 때문이다.
하강률은 항력과 추력 차의 크기에 따라 결정되므로 양력을 작게 해서 하강하는 것이 아니라는 것을 알 수 있다.

34 비행을 위한 작동 파워는?

날개

큰 타면을 움직이는 힘의 원천 '유압 장치'

대형 제트 여객기는 조종면이 크고 고속으로 비행하기 때문에 소형기와 같이 파일럿의 조종력만으로 직접 조종면을 움직일 수는 없다. 트럭과 버스가 파워 스티어링 없이 타이어를 움직일 수 없는 것과 마찬가지이다. 비행의 경우에 조종면을 움직이는 파워는 액체의 비압축성을 이용해서 작은 장치에서 큰 힘을 만들어내는 '유압장치'가 사용된다.

압축되지 않는 성질을 이용하는 거라면 기름이 아니라 물이여도 상관없을 것 같지만, 물은 물건을 녹슬게 하는 성질이 있으며 외기 온도가 낮은 상공에서는 얼어 버리는 결점이 있다. 반면에 기름은 물에 비해 잘 얼지 않을 뿐 아니라 가볍고, 무엇보다 윤활유 역할로도 기능하기 때문에 매우 편리하다. 유압 장치는 엔진으로 구동되는 펌프로 가압해서 혈관과 같이 배열된 파이프로 근육 역할을 하는 액추에이터(구동 장치)를 움직이고 있다. 가압의 압력은 사람 혈압의 약 1,200배, 1평방센티미터당 약 210kg(3,000psi)이다. 에어버스 A380과 보잉787 등은 350kg(5,000psi) 이상의 압력이 사용된다.

오른쪽 그림과 같이 조종간을 오른쪽으로 돌리면 케이블을 거쳐 중앙 제어 액추에이터(CCA)에 조종간을 돌린만큼의 움직임이 전달된다. CCA는 조종간이 움직인 양에 따라서 움직이고 다시 케이블을 거쳐 에일러론을 구동하는 액추에이터에 전달된다. 그리고 조종간의 움직임에 따라 에일러론을 작동시킨다. 한편 조종간의 동작을 전기 신호로 바꿔 액추에이터를 전기 신호로 동작시키는 방식을 FBW(Fly By Wire)라고 하며, 현재 대부분의 비행기가 이 방식을 사용한다.

무슨 힘으로 움직이고 있을까?

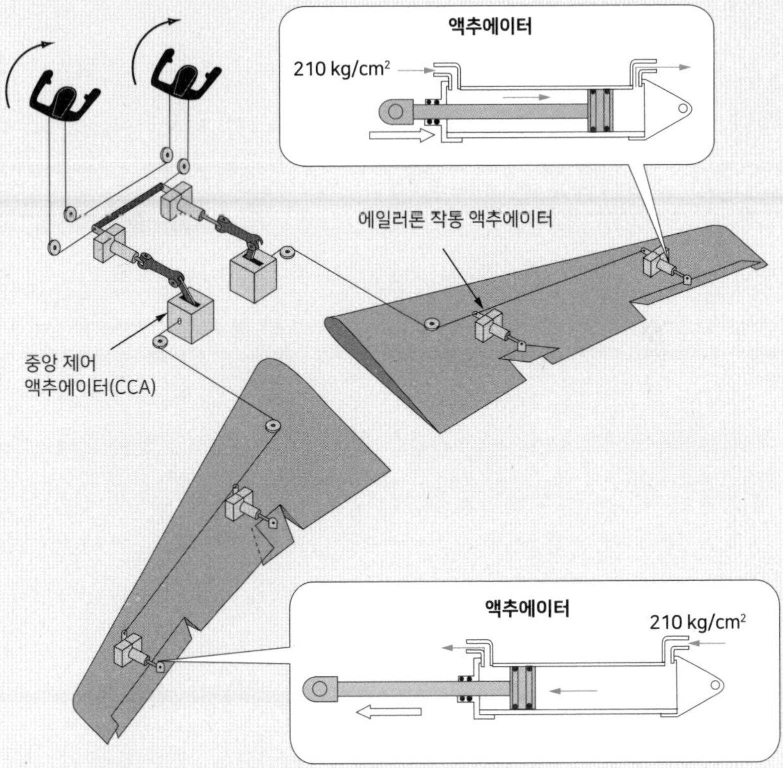

조종간을 오른쪽으로 돌리면 좌측 에일러론의 액추에이터에 유압 장치로부터 작동유가 흘러들어 피스톤을 밀어내어 에일러론을 아래로 내린다.
우측 에일러론의 액추에이터는 역방향에서 작동유가 들어와 에일러론을 위로 올리는 방향으로 작동한다.

35 파일럿에게 중요한 속도란

속도

동압을 속도로 환산하는 대기 속도계

비행기의 속도계는 1시간당 지상을 이동하는 거리, 다시 말해 대지(對地) 속도를 나타내는 것은 아니다. 왜냐하면 파일럿에게는 지면이 아니라 공기와의 관계가 중요하기 때문이다. 비행기가 하늘을 날 때 공기로부터 받는 힘인 양력과 항력은 동압에 비례한다. 만약 동압이 너무 작으면 실속(失速)의 우려가 있고 반대로 동압이 너무 크면 비행기가 부서질 우려가 있다. 때문에 비행 중에는 항상 동압의 크기를 확인해야 한다.

그 동압을 측정하는 장치가 피토관(피토튜브)이다. 정체점이라 불리는 공기의 속도가 제로가 되면 압력이 증가하는 것을 이용해서 피토관 끝에 있는 구멍으로 전압을 측정해서 피토관의 가로 구멍으로 정압을 측정하고 있다.

전압 = 동압 + 정압

이므로

동압 = 전압 – 정압

이 되고 동압의 크기를 측정할 수 있다.

동압은 피토관에 부딪히는 공기의 속도, 다시 말하면 비행기와 스쳐 지나가는 공기의 속도인 진대기 속도(TAS)의 이승에 비례한다. 진대기 속도를 토대로 눈금을 그으면 동압계를 속도계로 사용하는 것이 가능하다.

다만 고도에 의해 공기 밀도가 변화하기 때문에 지상의 공기 밀도를 기준으로 한 동압의 크기와 진대기 속도가 일치하도록 눈금이 그어져 있다. 속도계가 지시하는 속도를 지시 대기 속도(IAS)라고 한다. 지상에서는 지시 대기 속도와 진대기 속도는 일치하지만 공기 밀도가 변화하는 상공에서는 전혀 다른 속도가 된다.

동압을 속도로 환산

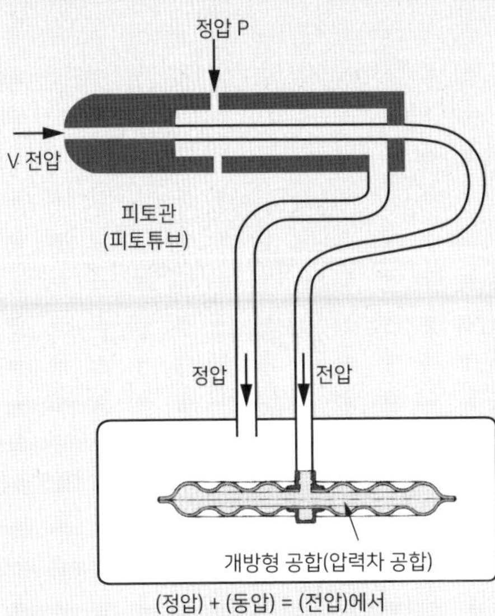

(정압) + (동압) = (전압)에서
(동압) = (전압) - (정압)을 측정

$$\text{전압} = P + \frac{1}{2}\rho V^2$$

V : 진대기 속도(TAS)
ρ : 공기 밀도

동압을 속도로 변환

지시 대기 속도 : 250 IAS
진대기 속도 : 350 TAS(648km/h)

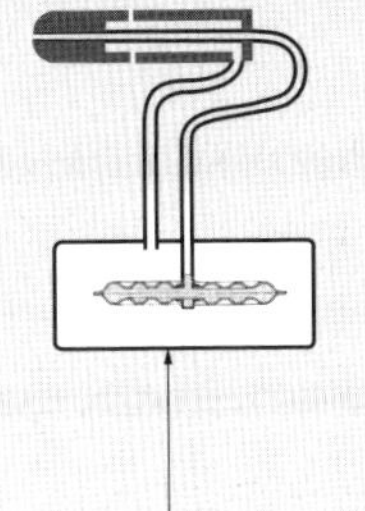

공기 밀도가 1/2이 되면

동압 = 1/2 × (공기 밀도) × (진대기 속도)^2

에서 (진대기 속도)^{2}를 2배로 하지 않으면 안 되므로 진대기 속도는 $\sqrt{2}$배, 즉 1.4배로 하지 않으면 같은 동압을 얻을 수 없다.

지시 대기 속도 : 250 IAS
진대기 속도 : 250 TAS(463km/h)

36 대기 속도와 대지 속도의 차이

속도

그 밖에도 여러 가지 대기(對氣) 속도

지시 대기 속도(IAS)는 대기 속도계가 지시하는 속도이고, 진대기 속도(TAS)는 비행기가 공기와 스쳐 지나가는 속도였다.

진대기 속도는 상공이 무풍 상태인 경우 두둥실 떠 있는 구름과 구름 사이를 통과하는 속도는 비행기의 그림자가 구름의 그림자 사이를 통과하는 속도와 같다. 다시 말해 상공에 바람이 없으면 진대기 속도와 대지 속도(GS)는 같아진다. 그리고

순풍이라면 대지 속도 = 진대기 속도 + 순풍

역풍이라면 대지 속도 = 진대기 속도 − 역풍 이라는 관계가 된다.

지시 대기 속도의 경우는 2가지 문제가 있다. 우선은 피토관을 비행기에 장착하는 장소의 문제이다. 이상적인 장소가 있어도 비행기의 자세가 변하므로 아무래도 오차가 생긴다. 이 오차를 수정한 대기 속도를 교정 대기 속도(CAS)라고 한다. 그러나 현재 대부분의 제트 여객기는 그 오차를 수정할 수 있기 때문에 IAS=CAS가 되었다.

또 하나의 문제는 빠른 비행 속도에서는 공기가 압축되는 성질이 있다는 것이다. 다시 말해 피토관에 들어가는 공기가 압축되어 압력이 증가하기 때문에 동압이 증가했다고 착각해서 속도를 높게 지시한다. 그래서 압축되지 않은 이상적인 동압에서 산출한 이론상의 속도, 등가 대기 속도(EAS)를 생각할 수 있고 비행기의 강도와 성능 계산 등에 사용되고 있다.

한편 실제 운항에서는 공기가 압축되는 속도로는 음속을 기준으로 해서 비행하고 있기 때문에 전혀 문제가 되지 않는다.

진대기 속도와 대지 속도

TAS=900km/h

GS=900km/h

상공이 무풍 상태이면 상공의 구름 사이를 통과하는 시간과 구름의 그림자 사이를 통과하는 시간이 같다. 다시 말해 공기에 대한 속도(TAS)와 대지 속도(Ground Speed : GS)는 같아진다.

제트 기류의 영향

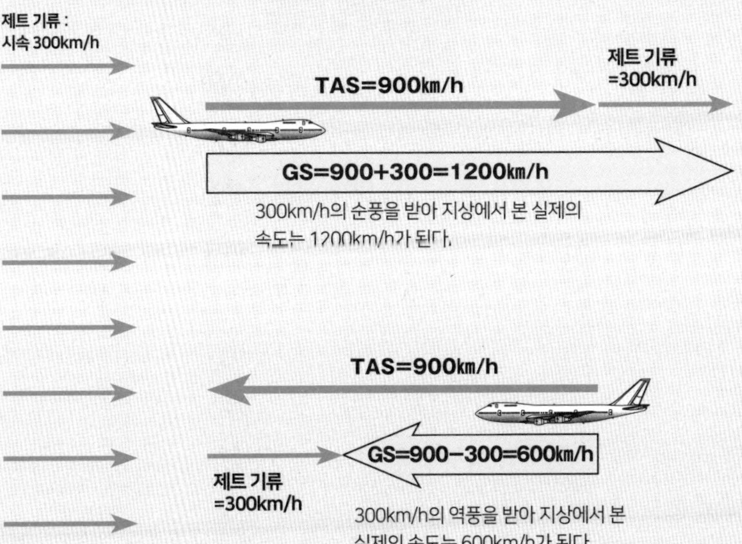

37 왜 비행기의 속도와 소리의 빠르기(음속)가 관계있을까?

비행기는 공기의 파도를 만들어낸다

비행기의 속도와 소리에 관계가 있는 것은 비행기가 큰 소리를 내며 나는 것이 원인은 아니다. 이 관계를 알아보기 위해 소리가 어떻게 해서 공기 중에 전달되는지를 생각해보자.

소리를 말하자면 번개가 예로 들 수 있다. 번쩍 하고 빛나기 때문에 소리가 들리기까지의 시간을 재면 뇌운까지의 대략적인 거리를 알 수 있다. 예를 들면 뇌광이 보이고 나서 소리가 들리기까지의 시간을 5초간으로 하면

$5\times340=1,700$

에서 뇌운까지의 거리는 1,700미터가 된다. 소리가 매초 340미터의 속도로 전달되는 것을 이용한 것이다. 다만 수중에서의 속도는 매초 1,500미터, 얼음 속에서는 3,230미터의 빠르기로 전달된다.

즉 소리의 속도는 전달되는 역할을 하는 매질의 밀도에 따라 달라진다. 덧붙이면 빛이 전파하기 위한 매질은 공간 자체라고 한다. 우주 공간에서의 빛은 지구에 도달하지만 소리는 도달하지 않는 점에서도 이를 이해할 수 있다. 소리는 공기 중에서는 아주 작은 공기 압력(소밀)의 변화가 되고, 이것이 파도가 되어 전해지는 속도가 340미터이다. 여기서 주목해야 할 것은 이 파도가 전해지는 메커니즘은 들리는 소리만의 것은 아니라는 점이다.

배가 수면에 파도를 일으키며 나아가는 것과 마찬가지로 비행기가 하늘을 날 때는 사실 눈에 보이지 않는 공기의 파도를 일으키고 있다. 비행기 전방에 있는 공기의 압력 파도가 파문이 되어 전해지는 속도가 음속과 같아지는 것이다. 비행기가 일으킨 공기의 파도는 음속으로 전해지지만 비행 속도가 음속에 가까우면 압축된 공기의 파도가 비행기에 큰 영향을 미친다.

왜 비행기의 속도와 소리의 빠르기가 관계있을까?

음속=20.05 $\sqrt{\text{절대 온도}}$ (m/s)

예를 들어 온도 15℃에서 음속은

음속=20.05× $\sqrt{273.15+15}$

≒340 m/s

소리가 전해지는 방식

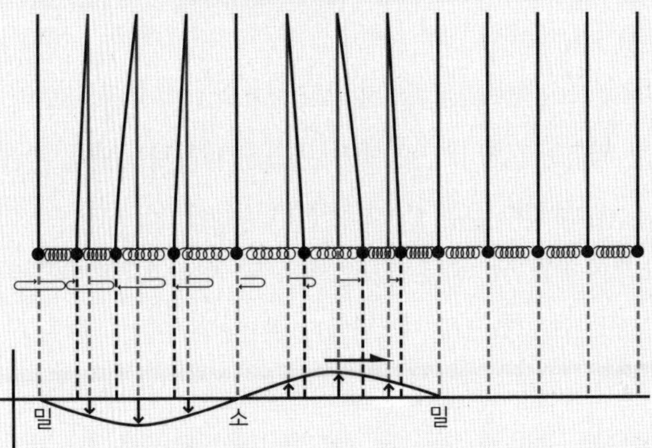

음파는 그림과 같이 사물이 움직이거나 진동을 하면 주위의 공기에 소(듬성듬성함)와 밀(빽빽함)이 생겨 종파가 되어 사방으로 전달된다. 이 속도는 매질의 밀도에 따라서 결정된다. 한편 바람의 흐름은 공기의 진동은 아니기 때문에 소리라고는 하지 않는다.

38 마하의 신기한 세계

속도

비행기에는 소리의 벽이 있다

음속과 비행기 속도의 관계를 나타내는 단위에 마하수가 있다. 오스트리아인 동물학자 마하의 이름을 따서 붙은 것인데 비행기 속도와 음속의 비를 나타내는 것으로서 오른쪽 그림에 있는 식으로 나타낸다.

일반적으로 머리글자의 M을 사용하여 M0.82와 같은 식으로 표현한다. 다만 비(比)이므로 마하수에 단위는 없다.

여담이지만 항공계에서는 마하가 아닌 맥 하치니(82), 또는 맥 에이토츠(82)라고 부른다. 왜 영어 읽기의 맥이라고 부르는가 하면 그 호칭명이 무선교신에서는 잘 들리기 때문이다.

비행기가 빠른 속도로 나는 것에 의해 진행 방향의 공기가 압축되고, 다시 전방으로 그 압축된 공기가 파도가 되어 전달된다. 그 전달 속도는 소리가 공기 중으로 전달되는 속도 즉 음속과 같다. 비행 속도가 그 파도의 속도보다 느린 경우에는 그림 ②, 파도와 똑같은 속도가 되면 그림 ③, 파도보다 빠르게 날면 그림 ④와 같다.

이 그림에서 비행 속도와 파도의 속도가 같아지면 압축된 공기의 파도 묶음이 생기는데 이것이 충격파이다. 그리고 파도의 빠르기(즉 음속)를 경계로 해서 공기의 흐름 방식이 크게 다른 것을 알 수 있다.

이처럼 음속을 경계로 해서 충격파가 발생하거나 공기의 흐름 방식이 달라지거나 하기 때문에 비행기가 고속이 되면 음속을 기준으로 한 마하수, M을 채용하는 것이다.

비행기에 있어서 이와 같은 '소리의 벽'이 있기 때문에 현재의 제트 여객기는 마하 0.8 전후로 비행하고 있다.

마하의 신기한 세계

마하수 = (비행기의 진대기 속도) / (비행기가 날고 있는 고도의 음속)

파도가 전해지는 속도와 비행기의 속도

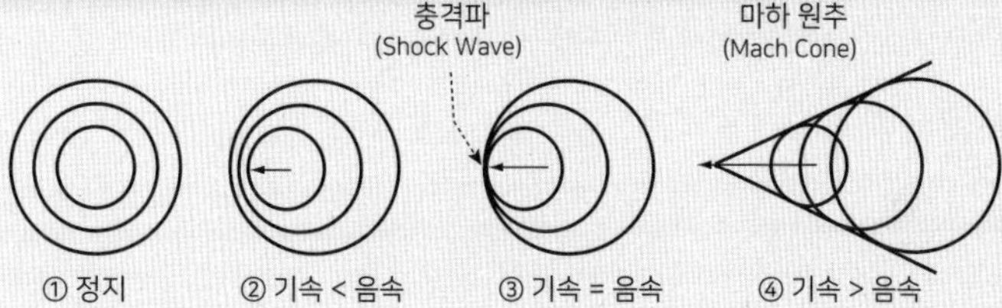

수면에서 실험해 보면

① 잔잔한 수면에 물방울을 떨어뜨리면 파문이 퍼진다.
② 천천히 움직이면서 떨어뜨린다.
③ 파문이 넓어지는 속도와 같은 속도로 움직이면서 떨어뜨린다.
④ 파문보다 빠르게 움직이면서 떨어진다.

음속을 초과하면

(1) M<1 (아음속) 영역의 흐름　　(2) M>1 (초음속) 영역의 흐름

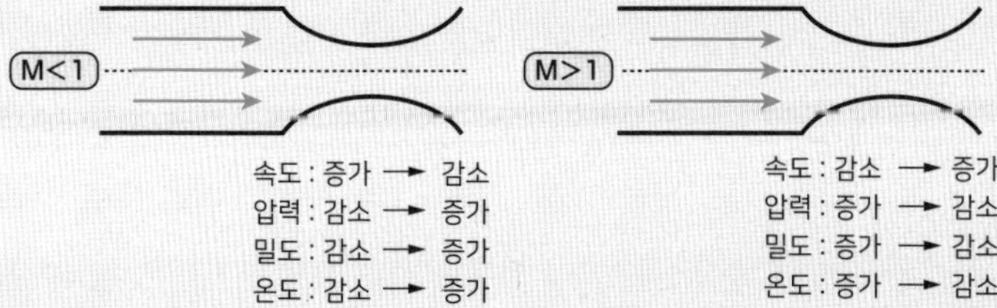

(1) M<1	(2) M>1
속도 : 증가 → 감소	속도 : 감소 → 증가
압력 : 감소 → 증가	압력 : 증가 → 감소
밀도 : 감소 → 증가	밀도 : 증가 → 감소
온도 : 감소 → 증가	온도 : 증가 → 감소

제트 엔진의 가스 배기구가 수축되어 있는 반면 로켓 엔진의 가스 배출구가 확산되어 있는 것은 음속을 넘어 분출하고 있기 때문이다.

39 임계 마하수와 버핏

속도

충격파의 발생으로 일어나는 실속에 대응하려면?

'소리의 벽'에 가까운 마하 1 전후로 비행하는 기체는 부분에 따라 음속을 초과하는 장소와 초과하지 않는 장소가 혼재되어 있어 비행하기 어려운 속도 영역으로 여겨진다.

가령 오른쪽 그림의 예라면 비행 속도가 마하 0.86이라도 날개의 상면을 흐르는 공기의 속도는 음속이 되어 있다. 이처럼 비행 속도가 마하 1이 아니어도 날개 상면이 음속을 초과하는 상태가 발생하는 비행 속도를 '임계 마하수'라고 부른다. 그리고 임계 마하수를 초과하는 마하수는 예를 들면 마하 0.88이 되면 음속을 초과한 후에 또다시 음속이 도달하는 장소가 생긴다. 거기에 충격파가 발생하는 것이다.

충격파가 발생하면 항력이 갑자기 증대할 뿐만 아니라 날개에서 박리된 공기가 꼬리날개와 기체를 두드려서 '다다다' 하는 소리를 내고 기체 전체가 진동하는 버핏(진동)이라고 불리는 현상이 일어난다.

이대로 방치하면 기체의 진동이 심해질 뿐 아니라 날개에서 공기의 박리도 심해져서 날개가 발생하는 양력만으로는 비행기의 무게를 지탱할 수 없게 된다. 이 현상이 이른바 실속이라는 상태이다. 이런 실속을 충격파 실속(Shock Stall)이라고 부르는데 양력을 얻고자 받음각을 늘리면 또다시 날개에서 공기의 박리가 일어나 심각한 실속에 빠지는 경우가 발생한다. 버핏이 발생한 경우에는 비행 속도를 낮추는 것이 가장 효과적인 방법이다.

이상의 얘기는 고도에 관계없이 같은 마하수에서 일어나므로 대기 속도계와 마찬가지로 마하계는 파일럿에게 없어서는 안 되는 필수 계기가 되었다.

버핏이 발생하는 것은?

M=1일 때를 음속(Sonic), M<1의 영역을 아음속(Subsonic), M>1을 초음속(Supersonic), M>5 이상이 되면 극초음속(Hypersonic)이라고 부른다. 특히 까다로운 속도 영역인 M=0.8~1.2를 천음속(Transonic)이라고 부른다.

임계 마하수

비행기의 일부가 마하 1.0을 초과하는 비행 마하수

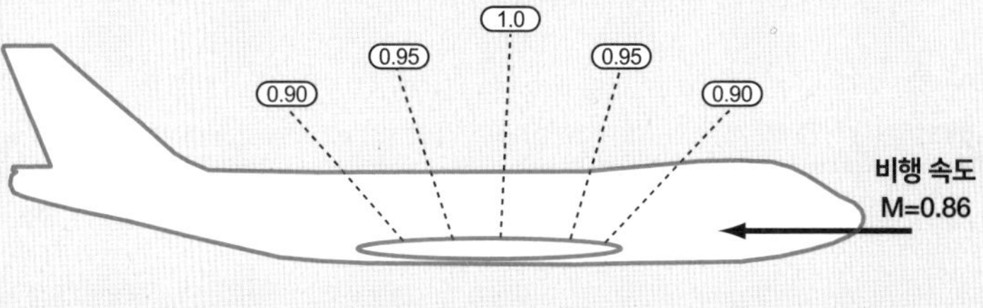

임계 마하수 M = 0.86

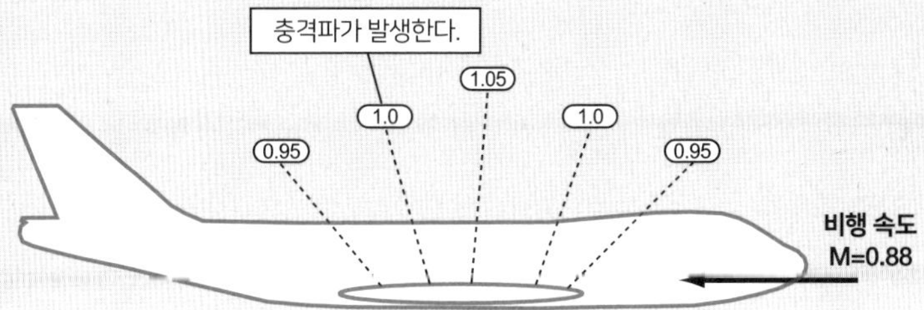

비행 속도가 임계 마하수를 넘으면 M>1이 되는 장소가 생겨 충격파가 발생한다. 주날개에 충격파가 발생하면 주날개를 흐르는 공기가 박리된다. 이 박리된 큰 에너지를 가진 공기가 기체 후부를 진동시키는 현상이 발생하는데 이런 현상을 버핏이라고 부른다. 버핏은 충격파 실속 이전에 나타나는 진동이므로 임계 마하수 이상으로는 절대 비행하지 않는다.

40 비행 고도를 알 수 있는 장치

높이 · 위치

기압 고도계에 대해

비행기의 고도계는 기압을 기준으로 해서 측정한다. 그 구조를 살펴보자. 기압은 공기의 무게이므로 지면에 가까울수록 기압이 크고, 고도를 측정하기에는 용이한 성질이 있다. 예를 들면 1,000미터와 5,000미터에서의 기압 차는 그 사이에 있는 공기의 무게에 따라서 적합하게 확인할 수 있다.

지상에서 수은주(수은을 사용한 압력계)의 높이는 760밀리미터. 1,000미터의 높이에서 공기의 무게는 그것만큼 가벼워지므로 수은주는 674밀리미터로 낮아진다. 마찬가지로 2,000미터에서는 597밀리미터로 높아짐에 따라 수은주가 낮아지므로 그곳의 눈금을 매기면 훌륭한 고도계가 된다. 다시 말해 일반적인 기압계에 고도의 눈금을 매기면 그대로 고도계로 이용할 수 있다.

물론 비행기의 고도계는 수은을 이용한 것은 아니다. 대표적인 예가 아네로이드라 불리는 것으로 내부는 진공 캡슐의 일부를 기압 변화에 민감하게 반응시켜 변형하도록 가공하고 팽창 정도(6,000미터에서 2밀리미터 정도)에서 고도를 산출하고 있다. 계기 자체에 들어갈 정도로 소형 경량이므로 비행기에는 안성맞춤이다. 아네로이드의 일본어로는 공합이라고 하고 공합을 사용한 속도계, 고도계 등을 공합 계기라고 한다.

그러나 현재는 공합이 아니라 전기적으로 기압을 측정하는 에어 데이터 모듈이라 불리는 장치로 측정하고 있다. 그 결과 전압과 정압을 그대로 보내는 배관이 전기적인 배선으로 바뀌어 가벼워진데다 정밀도도 현저하게 높아졌다.

어떻게 자신이 비행중인 상공의 높이를 알 수 있을까?

수은주에 눈금을 매기면 고도계가 된다.

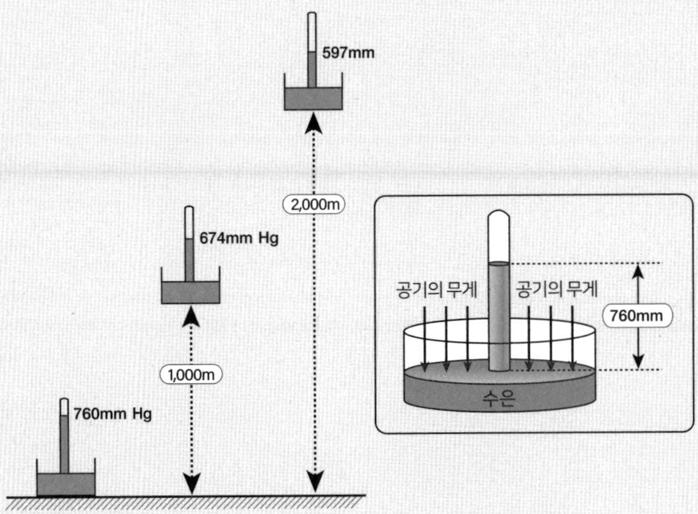

고도계와 속도계의 차이

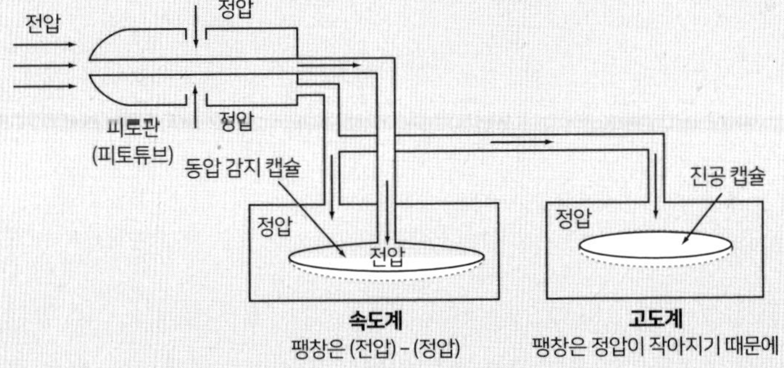

41 기압 고도계는 보정하지 않으면 안 된다

높이 · 위치

지상에서의 기압을 항상 1기압이라고는 한정할 수 없다

기압 고도계는 지상의 기압이 1기압이라는 것을 전제로 해서 눈금을 매겼기 때문에 지상이 1기압이 아니면 기압 고도계로서는 바른 고도를 지시할 수 없다.

때문에 기압 고도계의 원점을 보정할 필요가 있다. 기압 고도계를 보정하는 방법을 고도계 설정(보정값)(Altimeter Setting)이라고 하고 Q코드를 사용한 QNH, QNE, QNF 3가지 방법이 있다.

QNH는 이착륙하는 공항의 표고를 지시하도록 기압을 세트하는 방법이다. 예를 들면 히로시마 공항은 표고가 1,072피트(327미터)이므로 QNH를 세트함으로써 이륙할 때의 기압 고도계는 1,072피트를 지시한다. 이륙 후에는 평균 해면으로부터의 실제 고도가 된다.

이륙 후 고도 14,000피트 이상이 되면 QNE로 세트한다. QNE는 해면상의 기압을 1기압으로 가정한 방법으로 일본에서는 14,000피트(약 4,300미터) 이상 혹은 해상(큰 바다 위에서는 기압을 통보해주는 사람이 없기 때문에)이 되면 1,013.2헥토파스칼(29.92인치)을 세트한다.

한편 QNE에 세트한 상태에서 가령 기압 고도계가 15,000피트를 지시하고 있는 경우에는 100피트 단위의 수치만으로 '플라이트 레벨 150'이라고 표현하고 있다.

QNF는 일본에서는 사용되지 않는다. 이 방법은 이착륙하는 경우에 활주로 위에서 기압 고도계가 제로를 지시하도록 활주로면의 기압을 세트하는 방법이다. 따라서 이륙 후에는 활주로 면으로부터의 고도를 지시하는 것이지, 실제 고도를 지시하는 것이 아니다.

기압 고도계는 보정하지 않으면 안 된다

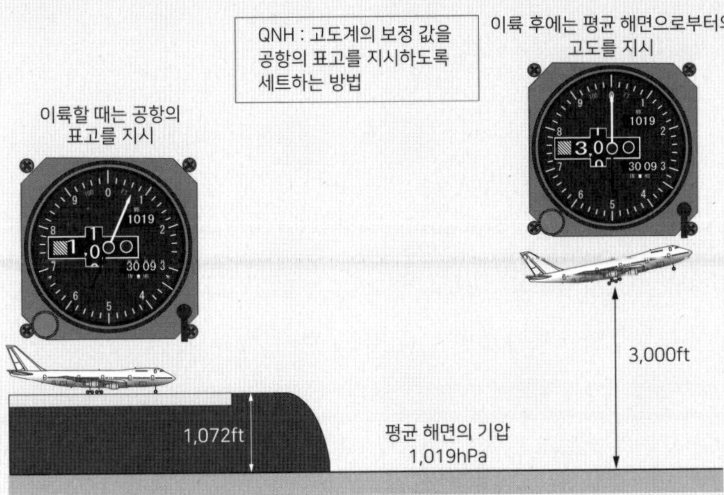

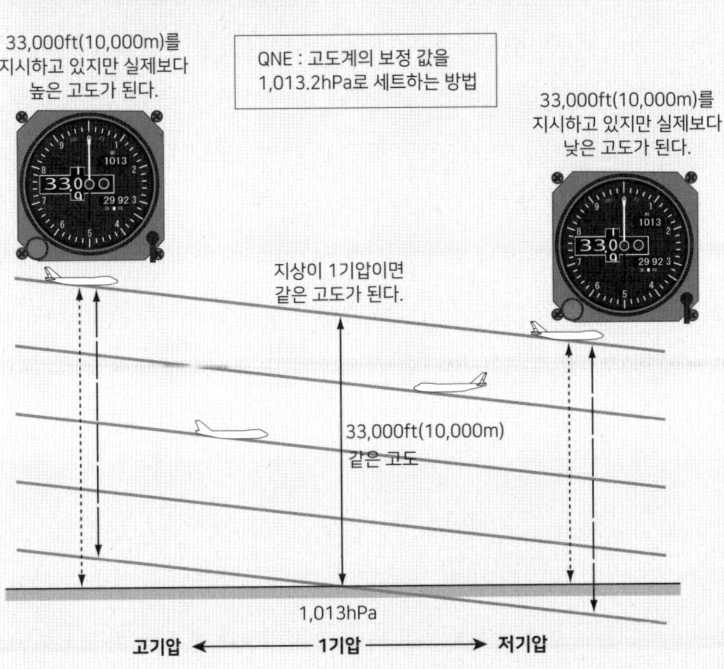

42 비행기의 현 자세를 아는 장치

자세 · 방향

자세를 알려면 자세 지시기의 '지구의'가 필요

설산과 같은 흰색 일색의 설원에서는 화이트 아웃이라 불리는 착각, 즉 어느 것이 하늘이고 어느 것이 땅인지 알 수 없는 일이 일어난다. 양다리로 서 있어도 하늘인지 땅인지를 알 수 없게 돼 버리는데 하물며 공중에서, 그것도 구름 속 비행에서는 알 수 있을 리가 없다. 때문에 과거 비행기는 기상 상태가 좋은 날만 비행했다고 한다.

그래도 비행기의 자세를 제대로 알 필요는 있고, 그를 위한 가장 단순한 계기가 오른쪽 그림과 같은 비행기의 전면에 둘러쳐진 로프였다. 이 단순한 계기로도 지구의 수평선과 비교를 통해 상승, 하강 그리고 기울기의 기본적인 자세를 알 수 있다. 현재는 물론 로프를 사용하는 것이 아니고, 바깥을 전혀 보지 않아도 자세를 알 수 있게 되었다. 왜냐하면 계기 안에 지구의를 넣어서 만들었기 때문이다. 이 계기는 ADI라 불리는 자세 지시계이다.

지시계에는 수평선이 있고 그 선보다 위는 하늘을 연상케 하는 파란색, 아래는 지면을 연상케 하는 갈색으로 착색되어 있다. 그야말로 지구의가 들어 있는 계기이다. 그리고 마찬가지로 계기 내에 있는 비행기의 심볼과 지구를 비교해서 자세를 알고자 하는 것이다.

비행기를 기울여도 기수를 올리고 내려도 계기의 수평선은 지구의 수평선과 같아지도록 유지된다. 움직임으로는 비행기의 심볼은 고정되어 있기 때문에 지구의가 움직이지만 계기만 보고 있으면 비행기가 움직이고 있는 것처럼 느껴진다. 자세 지시계를 포함해서 방위를 아는 계기 등은 자이로(각도 등을 측정하는 계측기)를 활용하는 계기이며, 어떻게 자이로를 이용하고 있는지 다음 항에서 살펴보자.

어떻게 자신의 자세를 알 수 있을까?

ADI

시계

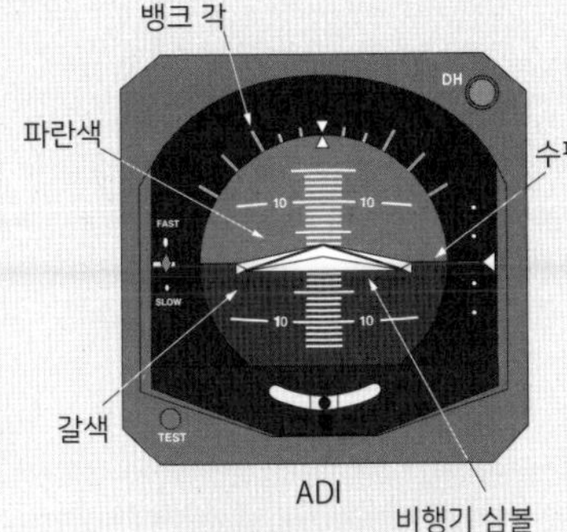

ADI

비행기 심볼

로프(45°로 둘러져 있다.)

비행기

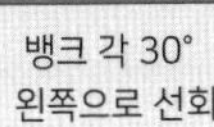

뱅크 각 30°
왼쪽으로 선회

뱅크 각 30°
왼쪽으로 선회

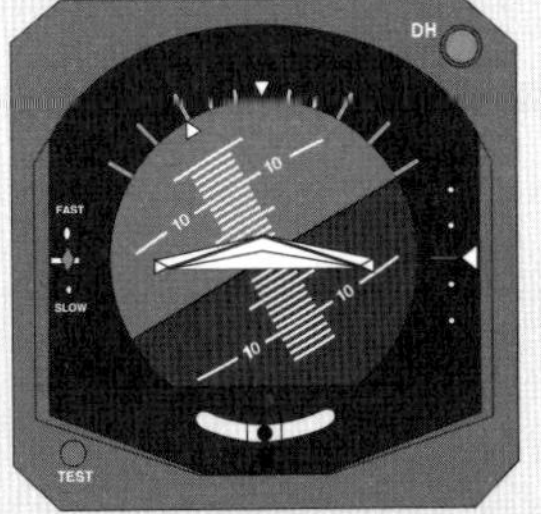

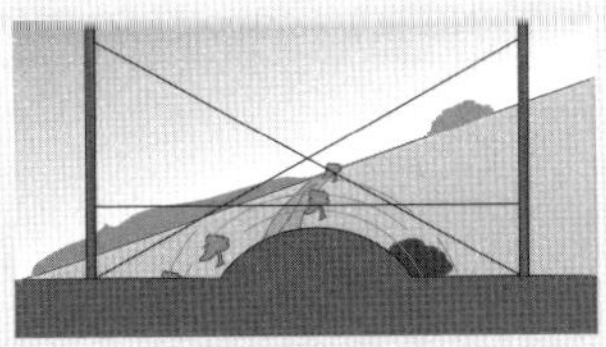

뱅크 각 30°
오른쪽으로 선회

뱅크 각 30°
오른쪽으로 선회

43 비행기의 자세를 아는 데 적당한 성질

자세 · 방향

자이로를 이용한 자세 지시기

진자로 지구의 자전을 증명한 프랑스의 물리학자 푸코는 고속으로 회전하는 코마를 이용한 장치로도 지구의 자전을 증명하려고 했고 이것을 자이로스코프(Gyroscope)라고 명명했다. 자이로는 회전, 스코프는 본다, 다시 말해 지구의 회전을 보는 기계이다. 간단히 자이로라 부르는 경우가 많은데, 자이로는 고속 회전하고 있는 한 넘어지지 않을 뿐 아니라 회전축이 우주의 한점을 계속해서 가리키는 큰 성질을 갖고 있다.

여담이지만 지구를 자이로라고 생각하면 지구의 회전축이 계속 가리키고 있는 우주의 한점은 북극성이다. 때문에 망망대해를 항해하는 선상에서 보이는 북극성은 거의 움직이지 않는 고정점이 되어 자신의 위치를 알 수 있는 희망의 별 역할을 한다. 그리고 이처럼 천체를 관측해서 위치를 추측하는 방법을 천문 항법이라고 부른다.

자이로를 수직으로 세우면 비행기의 자세를 알기에 딱 좋은 성질을 갖고 있다. 이러한 자이로를 VG(버티컬 자이로)라고 하는데, 여기에 문제가 있다.

비행기가 움직일 때는 자이로의 축은 여전히 우주의 일점을 바라보고 있기 때문에 기내에서 보면 자이로가 멋대로 움직인 것처럼 느껴진다는 점이다. 그리고 설령 비행기가 움직이지 않아도 푸코가 증명한 것처럼 기내에서는 지구의 자전에 의해 자이로 축이 멋대로 움직인 것처럼 보인다.

이들 문제를 해결해서 VG의 축을 항상 지구의 중심으로 향하도록 고안하여 비행기가 어떻게 움직여도 지구의 수평선과 항상 같아지도록 지시하는 계기가 자세 지시기이다.

우주적 움직임을 지구에 한정해서 이용

VG(축을 수직으로 세운 자이로)를 이용하면
비행기의 자세를 지시할 수 있다.

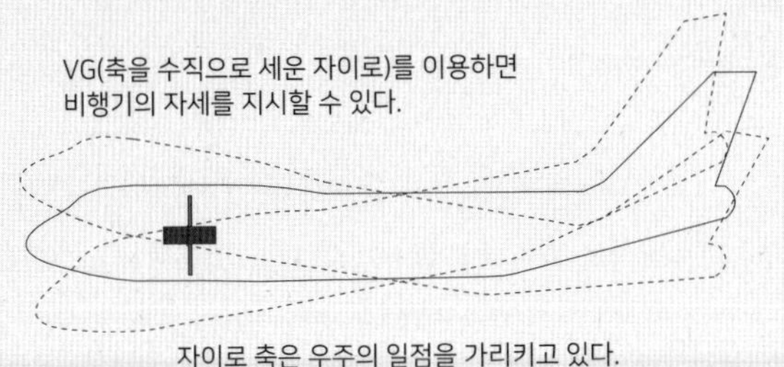

자이로 축은 우주의 일점을 가리키고 있다.

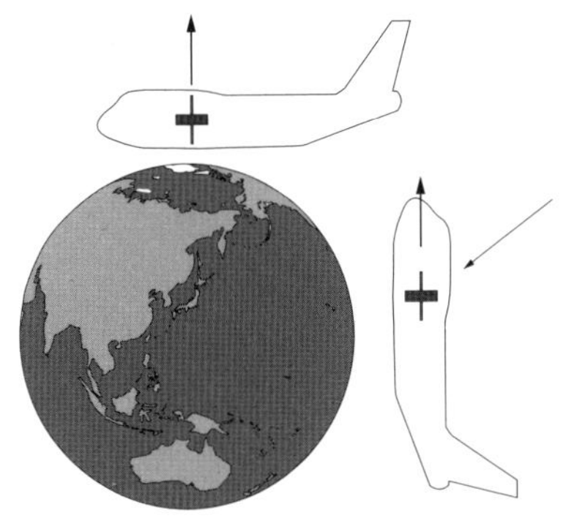

자이로 축은 항상 우주의 일점을 가리키고 있기 때문에 비행기가 이동하면 VG로서의 역할을 할 수 없게 된다.

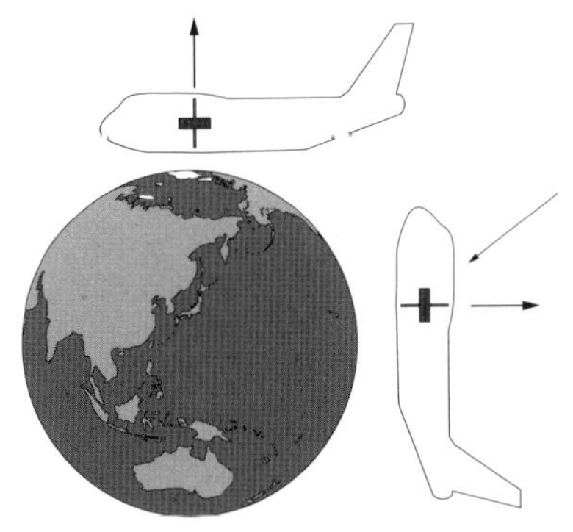

자이로의 축을 지구의 중심으로 향하도록 제어하면 비행기의 자세를 지시할 수 있다.

44 어떻게 방향을 알 수 있는 걸까?

자세 · 방향

지자기를 이용한 방법

자이로를 수직으로 세우면 자세를 알 수 있는 거라면 수평으로 하면 방향을 알 수 있게 된다고 생각하는 것은 자연스럽다.

자이로를 수직으로 한 VG에 대해 수평으로 한 자이로를 DG(디렉셔널 자이로, 방향 자이로)라고 한다. 예를 들면 오른쪽 그림과 같이 비행기가 좌우의 어느 쪽을 향해도 DG는 우주의 일점을 가리키기 때문에 기수와 자이로의 축을 비교하면 방향을 알 수 있다.

그러나 그 정도로 단순하지는 않다. 가령 수평으로 유지하는 것이 가능하다 해도 중요한 기준이 되는 북쪽 방위(어느 쪽 방위가 북쪽인가)는 자이로만으로는 알 수 없다. 가령 알았다고 해도 극히 한순간뿐이며 그림과 같이 비행기의 이동과 지구의 자전에 의해서 결국은 알 수 없게 돼 버리기 때문이다.

그래서 지구의 자기(地磁氣)를 탐지한 것을 전기 신호로 바꾸어 DG의 축을 항상 자북(磁北)을 향하도록 제어하는 방법을 생각해냈다. 지자기를 탐지하는 장치를 플럭스 밸브(달리 부리는 방법도 있다)라고 부르지만 비행기에서 나오는 자기의 영향을 받지 않도록 날개 끝에 설치되어 있다.

방향을 알 수 있는 대표적인 계기가 HSI라고 불리는 수평 위치 지시기와 RMI라고 불리는 무선자 방위 지시기이다. 다만 현재의 하이테크 기종에서는 지자기를 이용하지 않고, 나중에 설명하겠지만 관성 항법 장치에 의해서 자북(방위 자침이 가리키는 북쪽)이 아니라 지구의 회전축인 진북(지형도의 북쪽)을 기준으로 하고 있다. 다만 현재에도 항공로 등은 자북을 기준으로 한 방위로 설정되어 있으므로 지자기의 데이터베이스를 이용하여 진북에서 자북을 산출하고 있다.

어떻게 해서 방향을 알 수 있을까?

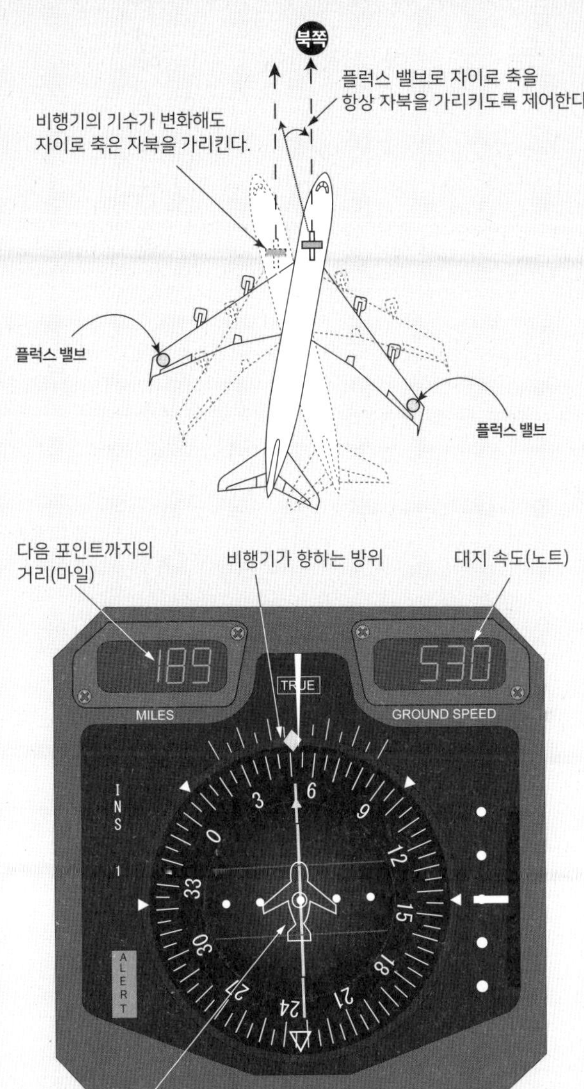

수평 위치 지시기(HSI)

45 비행기의 자세와 방향을 아는 관성 항법 ①

자세·방향

전차의 손잡이에서 생각하는 비행기의 자세

비행기의 자세와 방향을 알려면 VG와 DG의 두 자이로가 필요하다는 것을 알았다. 그러나 현재의 제트 여객기는 각각의 계기에 하나씩의 자이로를 사용하는 방법을 사용하지 않는다. 자세, 방향뿐 아니라 위치도 묶어서 처리하는 시스템으로 발전했다.

자동차 내비게이션이 눈부시게 발전했는데 항공계도 마찬가지이다. 내비게이션, 즉 항법(비행기와 배를 안전, 확실, 효율적으로 목적지까지 도달하기 위한 기술)이 크게 발전했는데, 그 시초는 달에 간 아폴로 우주선도 채용한 관성 항법 시스템(INS)의 개념이다.

관성 항법이 무엇인지를 설명하기 위해 밖이 보이지 않는 지하철의 손잡이를 예로 들어 생각해보자. 지하철이 움직이기 시작하면 손잡이는 언제까지고 가만히 있으려고 하는 관성력에 의해서 진행하는 방향과는 반대 방향으로 기운다. 일정한 속도가 되면 원래의 위치로 돌아오고 감속하면 반대로 진행 방향으로 기운다.

이처럼 손잡이의 기울기 정도를 정확하게 측정하면 가속도를 알 수 있다. 그리고 그 가속도를 적분하면 속도를 알 수 있다. 간단히 말하면 기울어 있는 시간을 알면,

가속도 × 시간 = 속도 에서 속도를 알 수 있다. 그리고 속도를 알면,

속도 × 시간 = 거리 에서 이동한 거리도 알 수 있다.

이상에서 바깥이 보이지 않아도 손잡이만 관찰하면 지하철의 움직임을 알 수 있다. 그리고 이러한 관성의 개념을 이용하는 것에서 관성 항법이라고 부른다.

관성 항법이란 ①

관성 항법의 개념

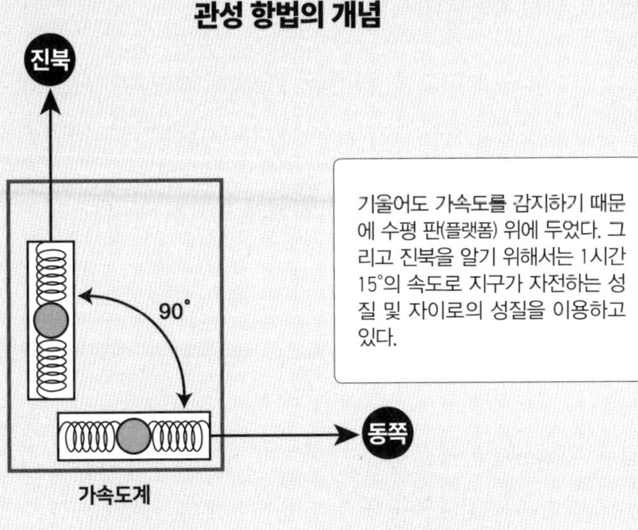

기울어도 가속도를 감지하기 때문에 수평 판(플랫폼) 위에 두었다. 그리고 진북을 알기 위해서는 1시간 15°의 속도로 지구가 자전하는 성질 및 자이로의 성질을 이용하고 있다.

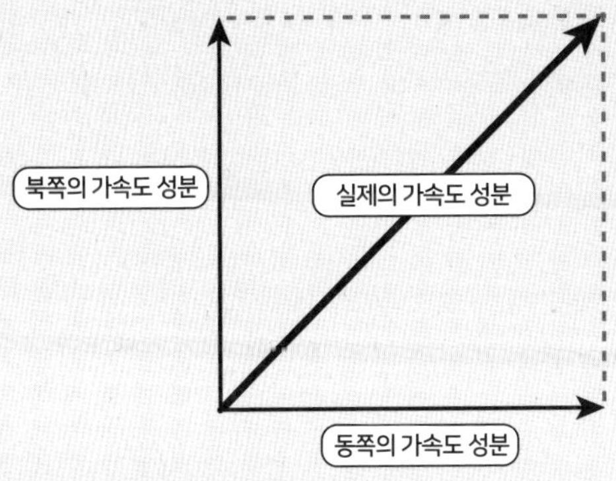

출발점의 위치와 가속도만 알면,
속도 = 가속도 × 시간 그리고
거리 = 속도 × 시간이므로 어디에 가도 현재 위치를 알 수 있다.

46 비행기의 자세와 방향을 아는 관성 항법 ②

자세 • 방향

비행기가 비로소 진북을 인식할 수 있게 된다

가속도를 측정하는 장치는 물론 손잡이는 아니지만 현재의 가속도계로도 비행기의 자세가 바뀌면 가속도로 착각할 우려가 있다.

그래서 3개의 자이로로 수평 상태에서 진북(지자기가 아니라 지도상의 북쪽)을 향하도록 제어한 플랫폼이라 불리는 판 위에 설치하도록 돼 있다.

이 장치에 의해 자세와 방향을 알 수 있는 자이로인 DG, VG 대신은 물론 비행하기 전에 공항의 위치(위도 경도)를 입력하면 무선 시설 등의 도움 없이 비행하고 있는 현재 위치도 점차 알 수 있게 된다.

이처럼 누구의 도움도 없이 비행기에 장비된 장치만으로 수행하는 항법을 '자립 항법'이라고 한다. 또한 이 장치 덕분에 비행기로서는 자북이 아니라 진북을 비로소 인식할 수 있었다. 오토파일럿 페이지(p.104)에서도 살펴봤지만 자동적으로 유도할 수 있게 돼 파일럿의 업무 부하가 크게 줄었다.

현재는 기계적인 자이로가 아니라 레이저 광선을 이용한, 자이로와 같은 성질을 가진 레이저 자이로라고 불리는 장치가 주로 사용되고 있다. 기계적인 회전 부분이 적기 때문에 고장도 적고 소형 경량이어서 비행기에는 안성맞춤인 자이로이다. 이 자이로와 컴퓨터의 조합에 의해서 가상의 수평 플랫폼을 만드는 것도 가능했기 때문에 이들 장치를 비행기에 직접 설치할 수 있게 돼 있다. 기계식 자이로에 의한 플랫폼 방식에 대해 비행기의 어디에도 직접 설치할 수 있는 방식을 '스트랩 다운 방식'이라고 한다.

관성 항법이란 ②

레이저 자이로

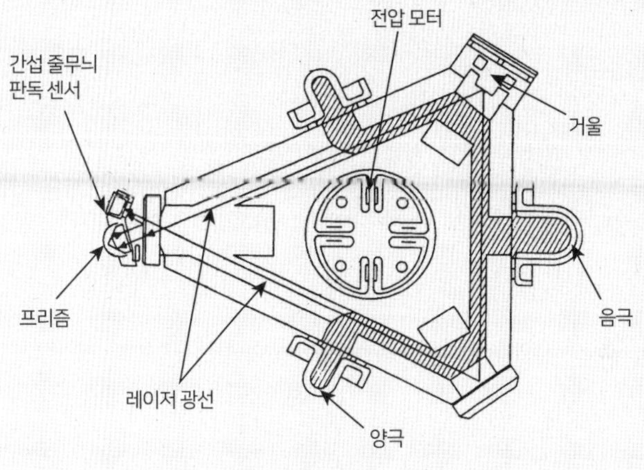

관성 항법 시스템

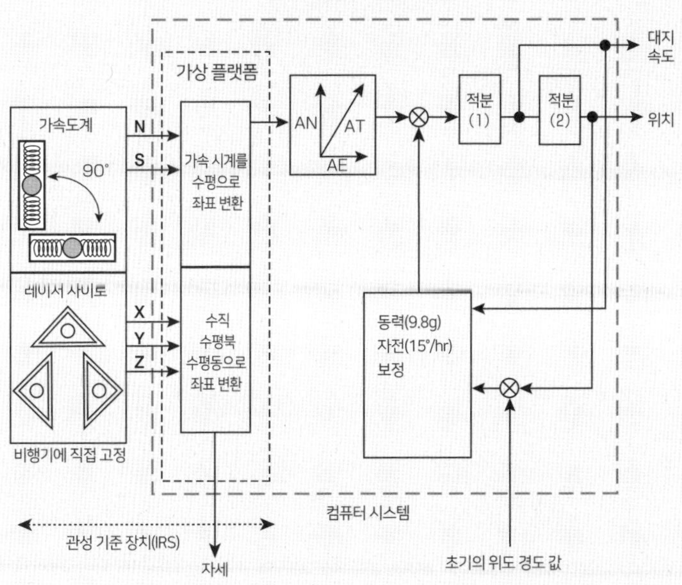

47 비행 중인 위치를 아는 방법

자세 · 방향

ND(내비게이션 디스플레이)의 원리

비행 중인 위치를 알 수 있는 방법은 비행기의 경우도 카내비게이션과 개념은 같다. 자이로와 가속도계에 의해서 산출한 자신의 현재 위치(경도 위도)에 지도를 겹쳐서 위치를 객관적으로 볼 수 있다. 방대한 항로상의 데이터를 리얼타임으로 처리할 수 있는 컴퓨터와 이것을 자세하게 표시할 수 있는 브라운관이나 액정 화면이 개발됐기 때문에 가능해진 시스템이다.

ND(내비게이션 디스플레이)라 불리는 것이 주로 항법에 관한 정보를 통합해서 표시하는 장치이다. 비행기의 심볼에 대해 웨이트 포인트라 부르는 통과 예정 지점을 연결한 통로가 표시되어 한눈에 지금 자기가 어디에 있는지 알 수 있다. 뇌운 등 레이더의 정보도 표시되므로 어느 방향으로 피하면 좋은지도 일목요연하게 보여준다.

HSI(수평 위치 지시기)가 자기를 근거리에서 본 계기인 반면 ND는 훨씬 상공에서 보고 있는 계기이다. 그리고 HSI와 크게 다른 점은 표시하는 지도의 크기를 바꾸거나 파일럿의 요구에 맞춰서 모드를 바꾸는 것이 가능하다.

카 내비게이션에 주차장과 주유소 표시가 가능한 것과 마찬가지로 가까이에 있는 무선 원조 시설을 표시하거나 그 시설이 발신하고 있는 거리 정보를 자동적으로 수신해서 자기의 위치 오차를 수정하는 것도 가능하기 때문에 보다 정확한 항법이 가능하다.

또한 GPS도 탑재하고 있어 항법 장치가 산출한 자기의 위치와 GPS에서 얻은 위치를 항상 비교할 수 있기 때문에 무선 원조 시설을 수신할 수 없는 해상 비행에서도 정확한 항법이 가능하다.

어떻게 위치를 알 수 있을까?

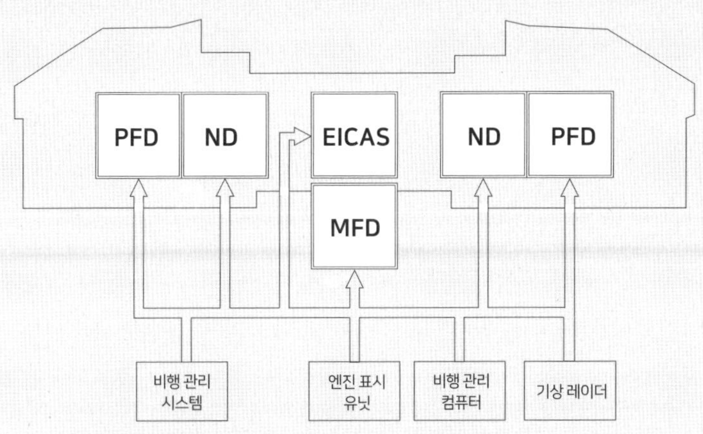

- PFD(Primary Flight Display) *아래 그림
  비행하기 위해 주로 필요한 속도, 자세, 고도 등을 지시하는 화면
- ND(Navigation Display) *아래 그림
  주로 항법에 관련된 정보를 종합적으로 표시하는 화면
- EICAS(Engine Indication and Crew Alerting System)
  엔진의 상태를 표시할 뿐 아니라 이상이 발생했을 때 파일럿에게 알리는 시스템
- MFD(Multi Function Display)
  다기능 표시 화면

PFD

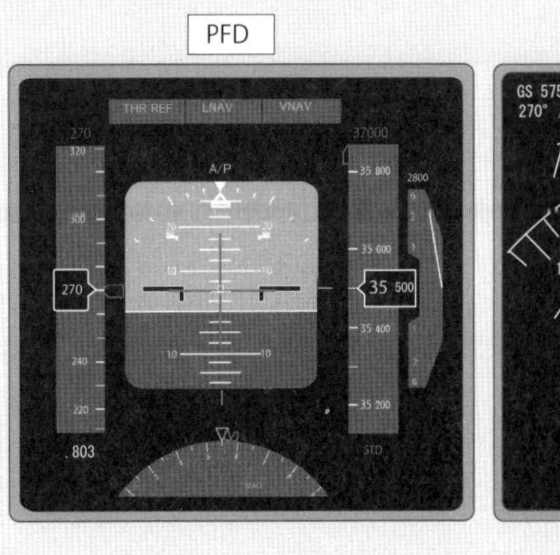

ND

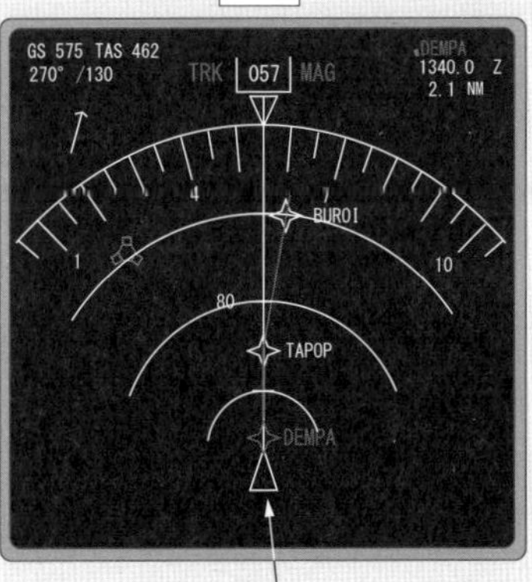

비행기 심볼

48 오토파일럿(자동 조종)

자세 · 방향

로봇이 아니라 시스템에 의한 자동화

오토파일럿의 역사는 오래되어 라이트 형제가 첫 비행을 한 수년 후인 1910년에 이미 개발이 시작됐다. 당시의 역할은 안정된 수평 비행, 조종간이 아니라 노브를 돌리는 것에 의한 선회 등이었다.

기본적인 기능은 기울기 등을 느끼는 인간의 반고리관 대신 자이로, 시신경 등 대신한 전기 신호, 손과 발을 대신한 서보 모터로 액추에이터를 움직여서 러더와 에일러론, 엘리베이터 등을 조작한다. 오토파일럿이라고 해도 로봇이 조작하는 것은 아니다.

현재는 컴퓨터의 발달로 조종 계통의 자동화보다 비행기의 운항 전반을 관리하는 개념으로 발전했다. 더치 롤(Dutch Roll, 비행기의 옆미끄럼 안정성이 방향 안정성에 비하여 과대할 때 일어나는 가로 방향의 주기적인 비감쇠 비행 운동)을 방지하기 위한 안전상의 기능과 노브를 돌려 조종하는 기능은 옛날과 기본적으로 다르지 않다. 그러나 큰 차이 중 하나에 유도하는 기능이 추가된 점이 있다. 유도 기능이란 비행 루트(비행기의 정해진 경로)를 오토파일럿으로 자동적으로 비행할 수 있는 기능이다.

예를 들면 해상의 비행 루트를 비행하는 경우 아주 옛날에는 별의 위치에서 자신의 위치를 산출했다(천문 항법이라고 한다). 그 후 로란과 오메가라 불리는 해상에서도 수신할 수 있는 전파에 의해 위치를 파악할 수 있게 됐다.

그러나 어느 쪽이든 파일럿이 바람 등을 고려해 다음 비행 루트로 향하는 방위를 추측, 방향을 컨트롤하는 노브를 조작해서 비행하는 것에 차이는 없다. 관성 항법 장치가 개발되고 오토파일럿으로 자동적으로 비행할 수 있는 유도 기능이 추가되어 파일럿의 업무 부하가 크게 경감됐다.

오토파일럿

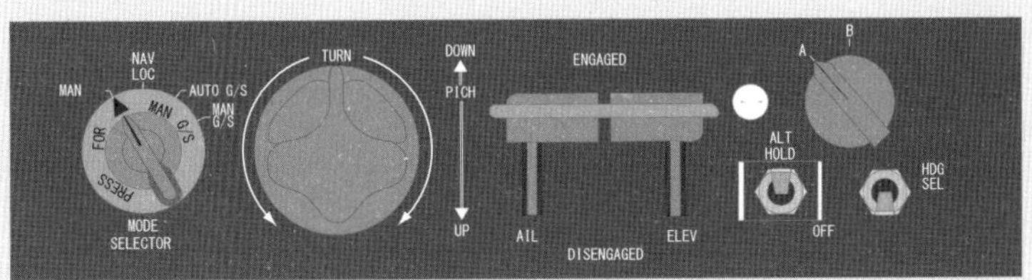

<보잉727의 오토파일럿 컨트롤 패넌>

- 고도 유지
- 노브로 피치와 뱅크를 컨트롤
- 계기 착륙 장치에 의해 자동 유도

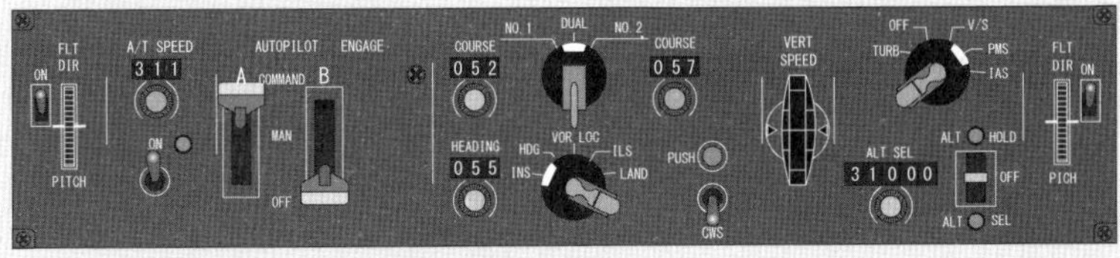

<보잉747-200의 오토파일럿 컨트롤 패널>

- 고도 및 속도 유지
- 노브로 피치와 뱅크를 컨트롤
- 루트를 자동 유도
- 계기 착륙 장치에 의해 자동 유도 및 자동 착륙
- 엔진 추력 제어 및 3차원 항법

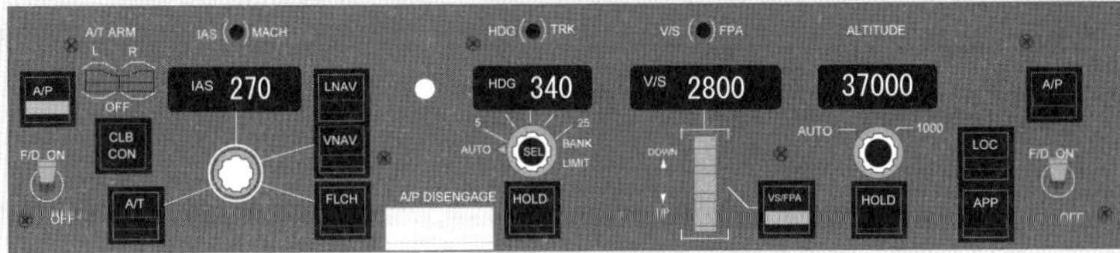

<보잉777의 오토파일럿 컨트롤 패널>

- 고도 및 속도 유지
- 노브로 피치와 뱅크를 컨트롤
- 루트를 자동 유도
- 계기 착륙 장치에 의해 자동 유도 및 자동 착륙
- 엔진 추력 제어 및 3차원 항법

※보잉747과 777의 기능 차이는 거의 없다. 그러나 777은 디지털화되어 있어 정밀도가 향상됐다.

49 비행 관리 시스템(FMS)

엔진 제어

엔진 제어 기능 추가로 3차원 유도가 가능해져

비행기의 운항에서 또 하나 중요한 것이 엔진 제어 기능이다. 비행기의 운항은 엔진 제어를 빼놓고는 생각할 수 없다. 바로 오토 스로틀이라 불리는 이륙과 상승 등의 최대 추력 산출, 설정과 속도 유지 등을 자동적으로 수행하는 장치이다.

엔진 제어 기능이 추가된 것은 유도 기능이 수평 방향(Lateral Navigation, 수평 항행)뿐 아니라 수직 방향(Vertical Navigation, 수직 항행)도 가능한, 즉 3차원의 유도가 가능해졌다는 것을 의미한다.

또한 오토 스로틀은 속도의 변화 등에 정확하고 세세하게 대응할 수 있기 때문에 파일럿의 업무 부하 경감뿐 아니라 연비도 비약적으로 향상했다.

오토파일럿과 오토 스로틀을 통합해서 관리하는 것이 비행 관리 시스템(FMS)이다.

시스템 중의 FMC라 불리는 중앙 컴퓨터는 방대한 엔진 데이터와 항법 데이터가 내장되어 있다. 때문에 파일럿이 입력한 데이터와 외기에서 얻은 데이터(에어 데이터라 불리고 있다) 등에서 좀 더 경제적인 루트와 비행 속도 등을 산출할 수 있다. 그리고 엔진 제어와 각 타면을 움직여서 수평 방향, 수직 방향의 자동 유도를 수행할 수 있는 것이다.

FMS의 기능을 간단하게 정리하면 다음과 같다.

- 항법 관리(이륙에서 착륙까지 자동 유도)
- 비행 관리(이륙에서 착륙까지 자세와 추력 제어)
- 성능 관리(최적의 고도와 속도 등을 산출)
- 표시 기능(비행 정보를 표시)

FMS란

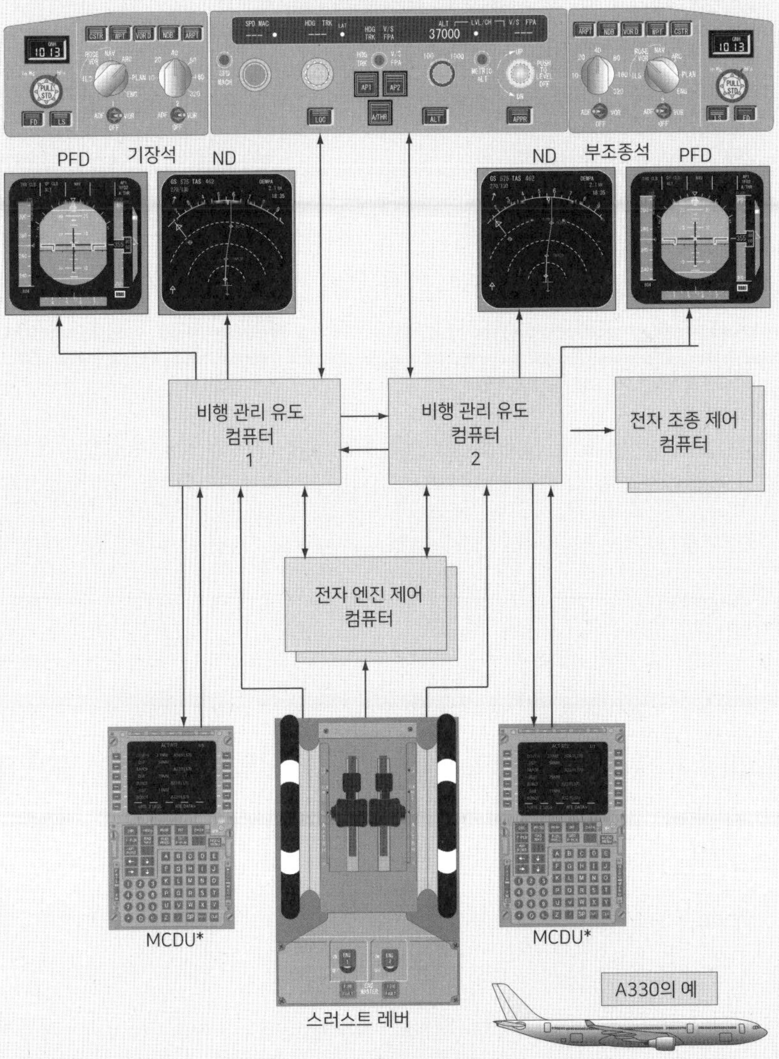

*MCDU : Multipurpose Control Display Unit

50 왜 엔진에 계기가 필요할까?

엔진 제어

이상을 사전에 예측하여 이상 사태에 적절하게 대처할 수 있다

제트 엔진의 대표적인 계기에는 배기가스 온도계(EGT), 회전계, 연료 유량계, 엔진 압력비(EPR) 등이 있다. 이들 계기가 왜 필요한지 우선 자동차의 엔진 온도계를 예로 들어 생각해보자.

엔진 온도계를 장비하지 않은 자동차도 있지만 엔진의 온도가 지나치게 상승하면 빨간 램프가 점등하여 경고를 발하는 장치가 장비되어 있다. 엔진의 오버히트는 사람의 오감으로는 발견할 수 없기 때문이다.

온도계가 상승하거나 빨간 램프가 점등한 경우 나무그늘에서 엔진을 쉬게 하거나 라디에이터 내의 물을 점검하거나 할 수 있다. 다시 말해 계기 덕분에 엔진의 불량 상태를 알 수 있어 적절한 대처가 가능하다. 그대로 주행했다면 엔진이 오래 가지 못하거나 최악의 경우 크게 고장날 가능성도 있다.

비행기의 경우는 자동차 이상으로 언제라도 엔진의 상태를 계기로 확인할 수 있어야 한다.

예를 들어 엔진 스타트 중에는 배기가스 온도를 주시하고 있다. 만약 제한 값을 넘을 것 같으면 곧바로 스타트를 중지하지 않으면 안 되기 때문이다. 물론 엔진 스타트뿐 아니라 파일럿은 엔진 계기를 보면서 엔진의 액셀인 스러스트 레버를 조작한다.

계기가 필요한 이유는 엔진을 감시해서 고장을 사전에 예측하거나 고장이 발생해도 그 원인을 파악해 적절한 대처가 가능하도록 하기 위해서다. 그리고 제한된 범위 내에서 운전해서 엔진 수명이 오래 가도록 하기 위한 이유도 있다.

왜 엔진에 계기가 필요할까?

<보잉747-200(4엔진 탑재)>

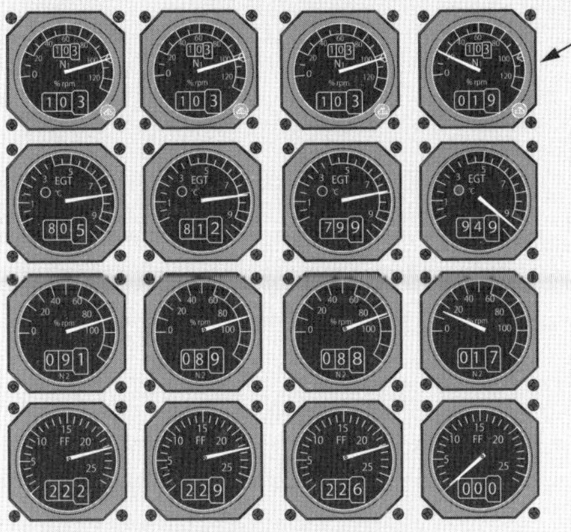

같은 방향을 향하고 있으므로 이상을 쉽게 발견할 수 있다.

N1 : 팬 회전계

EGT : 배기가스 온도계

N2 : 고압 압축기 회전계

FF : 연료 유량계

<보잉777(2엔진 탑재)>

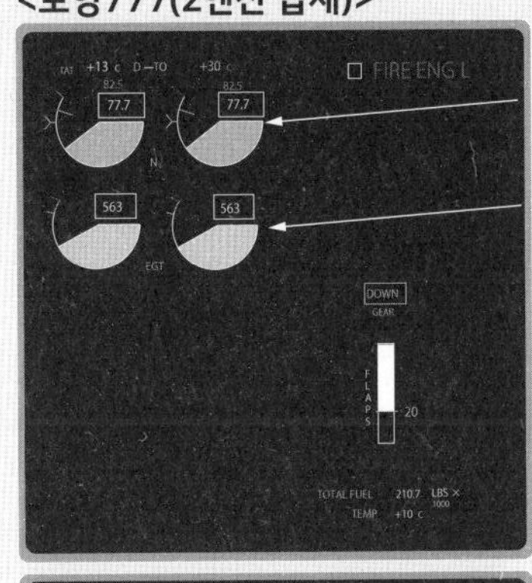

N1 : 팬 회전계

EGT : 배기가스 온도계

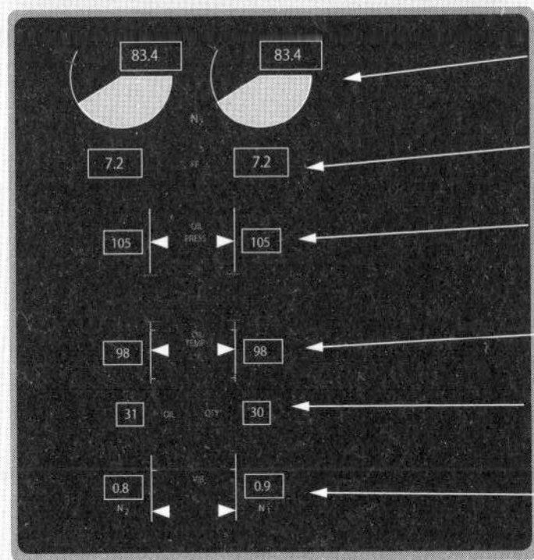

N2 : 고압 압축기 회전계

FF : 연료 유량계

엔진 오일 유압계

엔진 오일 온도계

엔진 오일 양계

엔진 진동계

51 엔진 계기는 추력의 크기도 알 수 있다

엔진 제어

비행기의 모든 것은 추력의 크기에 관계한다

엔진 계기에는 또 하나 중요한 역할이 있다. 그것은 추력의 크기를 아는 것이다. 자동차의 경우 가령 최고 출력이 110킬로와트(6,200rpm)라는 것을 몰라도 일상 운전에는 지장이 없다.

그러나 비행기의 경우는 이륙에 필요한 거리, 이륙할 수 있는 비행기의 무게, 이륙하는 속도, 어디까지 상승할 수 있는지 등 모든 것은 추력의 크기에 관여된다. 그리고 실제로 비행 중에는 예정한 대로 추력을 내고 있는지 알 필요가 있다.

그런데 유감스럽게 비행 중에 추력의 크기를 직접 측정하는 것은 불가능하다. 올바른 추력을 세트할 수 있는 계기에는 어떠한 것이 있는지 살펴보자.

우선은 실제의 추력 크기와 직선적으로 비례하는 대표적인 계기가 EPR이다. EPR은 엔진 입구의 압력과 엔진 출력 압력비를 계측한 것을 수치로 나타낸 것이다. 따라서 단위는 없다. 바이패스비가 1정도였던 초기의 터보 팬 엔진은 추력과 EPR이 거의 직선적으로 비례했다.

그러나 높은 바이패스비의 엔진이 되면 팬이 분출하는 공기가 전체의 80%이므로 엔진 압력비는 전체의 20%의 변화를 보고 있는 것에 지나지 않는다. 직선적으로는 비례하지 않게 되어 있다.

그리고 팬의 회전수가 고속 회전이 되면 추력에 거의 직선적으로 비례하고 있기 때문에 일부러 EPR 장치를 설치하지 않고 기존의 팬 회전계를 추력 설정 계기로 사용하는 엔진도 있다.

추력의 크기를 알기 위해서도 필요

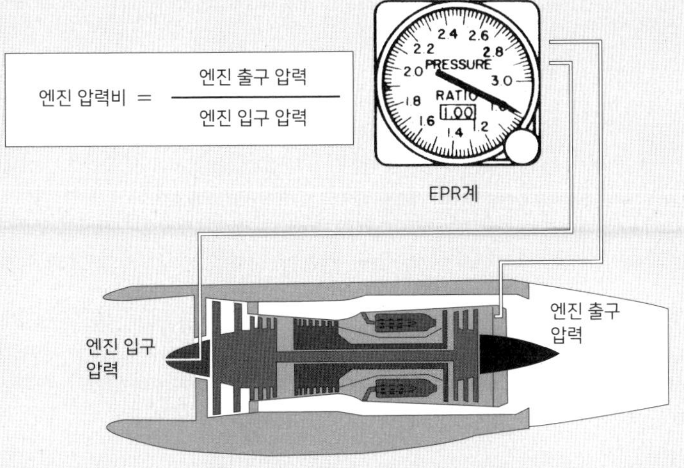

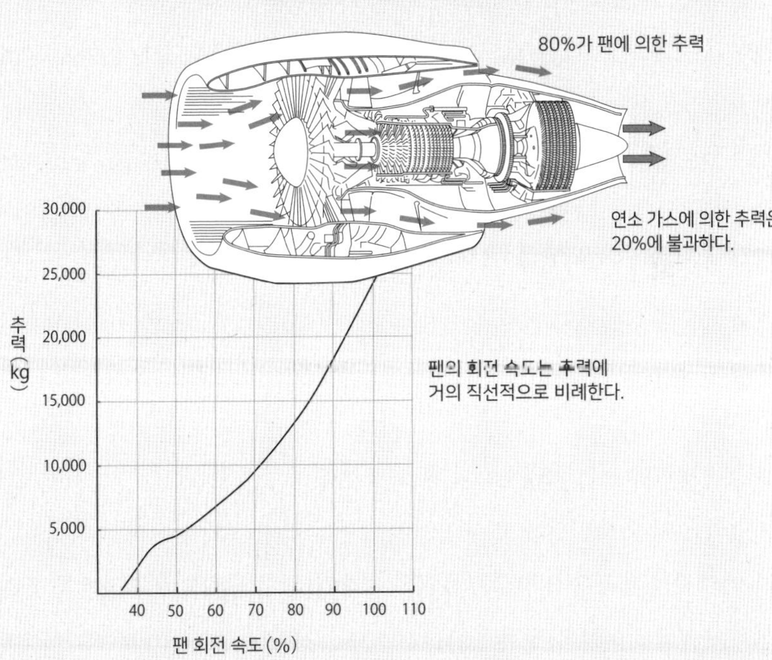

52 어떻게 엔진 회전수를 셀 수 있을까?

엔진 제어

퍼센티지(%)로 보기 쉽게 했다

회전 속도를 표시하는 계기가 회전계이다. 일반적으로 회전 속도를 나타내는 기호에 N을 사용하는 습관이 있으며 2축식 터보 팬 엔진의 경우는 팬과 저압 압축기의 회전을, N1, 고압 압축기를 N2라는 기호로 나타내고 있다. 때문에 팬과 저압 압축기의 회전 속도를 지시하는 계기를 N1계기, 고압 압축기의 회전 속도를 지시하는 계기를 N2계기라고 부르며 각각의 단위는 %이다.

그 이유는 N1, N2는 회전 속도가 다르므로 %로 표시하는 것이 보기 쉽기 때문이다. 예를 들면 CF6 엔진의 경우 시리즈에 따라서도 다르지만 N1의 회전 속도가 100%로 약 3,400rpm, N2의 100%는 9,800rpm이다. 회전계가 84%를 지시하고 있는 경우에는 N1은 3,400×0.84=2,856rpm, 그리고 N2는 8,232rpm이지만 84%라고 표기하는 것이 상태를 확인하기 쉬운 것을 알 수 있다.

각 회전계의 센서는 전력이 필요 없는 자립형으로 되어 있다. N1 센서는 전자 유도를 이용한 것으로 팬이 통과할 때마다 발생하는 기전력을 펄스 신호로서 헤아리고 있다. 여담이지만 원반이 휙휙 돌아가는 가정용 전력량 미터는 이 전자 유도를 이용하고 있다. 그리고 N2 센서는 전력이 필요 없을 뿐 아니라 훌륭한 교류 발전기로서의 역할을 하며 주파수는 회전 속도로서 N2 계기에, 전력은 엔진을 제어하기 위해 이용하고 있다.

한편 최대 추력은 100%는 아니다. 100%보다 큰 경우도 있다. 같은 엔진이라도 개량을 거듭하는 사이에 회전 속도를 빠르게 할 수 있게 되었기 때문이다.

어떻게 해서 엔진의 회전을 헤아릴까?

팬 회전수(N1 계기, CF6-80C2 엔진)

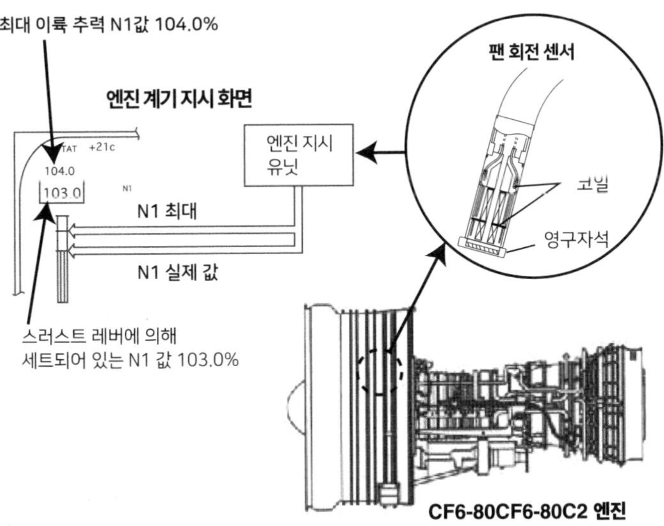

전자 유도라는 팬이 영구자석을 통과할 때 기전력이 생기는 현상을 이용한 것이다. 팬이 통과할 때마다 생기는 전력의 펄스를 헤아려서 회전수로 바꾸고 있다.

고압 압축기 회전수(N2계기, CF6-80C2 엔진)

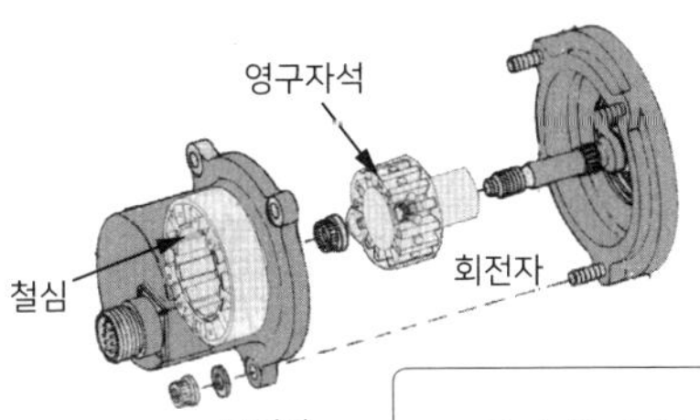

N2 회전계는 일종의 발전기로 만들어졌다. 주파수는 회전수로서 계기에, 그리고 전력은 엔진을 제어하는 시스템을 위해 이용하고 있다.

53 어떻게 엔진의 내부 온도를 잴 수 있을까?

엔진 제어

터빈 입구 온도의 관리가 중요

제트 엔진 중에서 가장 과혹한 장소는 고압 터빈의 첫째 열의 브레이드다. 고온에 노출될 뿐 아니라 고속 회전해야 하는 과혹한 장소인 것이다. 터빈에 내뿜어지는 온도에 따라서는 엔진의 수명에 큰 영향을 미칠 뿐 아니라 터빈의 블레이드가 크리프라 불리는, 시간과 함께 결함이 확대되는 현상이 발생하기도 한다.

때문에 터빈 입구 온도를 측정해야 하지만 최저라도 1,300도 이상인 고온에 긴 시간 견딜 수 있는 온도계는 없다. 만약 온도계가 망가져서 그 파편이 아주 조금이라도 10,000rpm의 고속으로 회전하고 있는 터빈에 빨려 들어간다면 순식간에 엔진은 망가진다.

그래서 터빈 입구 온도가 아니라 엔진의 배기가스 온도와 터빈 입구에 가까운 고속 터빈 출구의 온도를 재고 있는 엔진이 대부분이다.

문제는 어떻게 해서 온도를 측정하는가이다. 온도라고 하면 수은을 이용한 체온계를 떠올리지만 결과가 나오기까지 3분 기다려야 하므로 도움이 되지 않는다. 범위도 600℃ 정도이다. 민감하게 반응해서 1,000℃ 이상 측정할 수 있는 센서가 필요하다.

그 조건에 딱 맞는 것이 열전대(서모커플)라 불리는 두 종류의 금속으로 만든 장치이다. 예를 들면 백금과 백금 로듐 합금 등을 뜨겁게 한 경우에 발생하는 기전력을 이용한 것이다. 열에 민감하게 반응할 뿐 아니라 열의 변화에 직선적으로 비례하기 때문에 대부분의 제트 엔진에 채용되고 있는 방식이다.

어떻게 엔진의 체온을 재는 걸까?

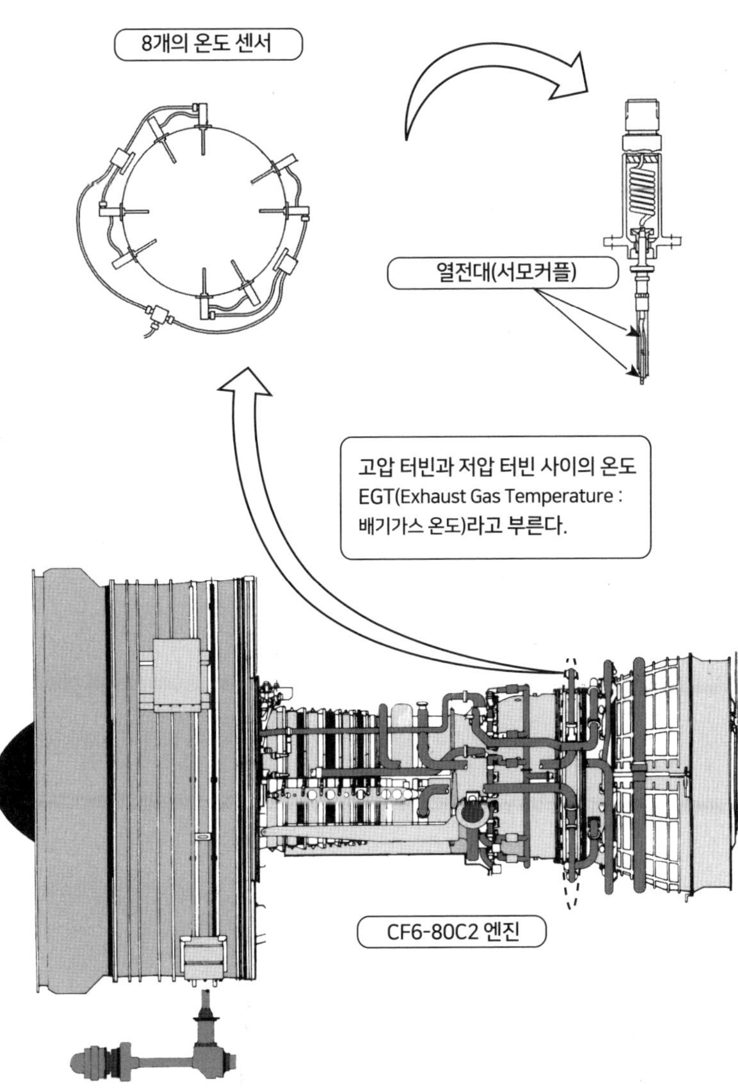

54 왜, 엔진이 사용하는 연료량을 측정할까?

엔진 제어

연료 유량계가 맡고 있는 중요한 역할이란

연료 유량계는 엔진에 유입하는 연료를 측정한다. 단위는 1시간당 흐르는 연료의 무게이다. 양이 아니라 무게인 이유는 비행기의 무게를 알기 위해서다. 비행기의 무게는 이륙하는 거리와 속도, 어디까지 상승할 수 있을지 등 비행 전반에 크게 영향을 미치기 때문이다.

비행기의 무게 중에서 승객과 화물의 무게는 비행 중에 변화하지 않는다. 승객이 볼일을 봐도 바깥으로 방출하는 것은 아니므로 기내에 있는 한 사람 한 사람의 무게에는 변함이 없다.

유일하게 엔진이 소비하는 연료의 무게만은 변화한다. 예를 들어 전에도 살펴본 것처럼 나리타에서 런던까지 소비하는 연료는 약 130톤이다. 일반적으로 비행기의 연비는 높은 고도를 날 때가 좋아지는 경향이 있으며 가장 연비가 좋은 고도를 '최적 고도'라고 한다.

최적 고도는 비행기가 가벼워질수록 높아지므로 런던까지의 비행에서는 연료 소비에 수반하는 순항 고도를 순차적으로 높여가는 스텝 업 순항 방식을 취하고 있다.

또한 운항 비용을 고려한 ECON 속도라 불리는 경제적인 순항 속도도 비행기의 무게에 따라서 변화한다.

다만 비행 중에 비행기의 무게를 측정할 수 없으므로 출발 시에 탑재된 연료의 무게에서 소비 연료의 무게를 빼서 비행기의 무게를 산출해야 한다. 이를 위해 연료 유량계의 신호가 차례로 컴퓨터에 입력되고 최적 고도와 경제 고도를 산출하기 위한 중요한 요소가 되고 있다. 타 엔진 계기와 달리 항상 감시해야 하는 것은 아니지만 이상과 같이 중요한 역할을 하고 있다.

유리한 고도로 스텝 업

잠시 날아서 가벼워지면 다시 생각해보자.

높은 고도가 유리한 무게가 된다면 상승한다.

비행기는 높은 고도를 나는 것이 연비가 좋아지는 경향이 있다.
그러나 너무 무거울 때 오히려 높이 올라가면 연비가 나빠진다.
연비가 개선되는 유리한 무게가 되면 높은 고도로 상승한다.

55 비행 준비 ①

이륙에서 착륙

출발 시각 1시간 이상 전부터 준비한다

정비사의 면밀한 작업에 의해 날개를 쉬게 한 비행기가 눈을 뜰 무렵 파일럿은 비행 계획을 세운다.

비행 계획에서 비행기가 가진 능력을 넘지 않을 것, 흔들림이 적을 것 그리고 소비하는 연료의 양이 적을 것 등 안전하고 쾌적하고 경제적인 비행이 되도록 목적지까지 항로의 순서, 즉 비행 루트, 순항 고도, 상승 및 순항 속도, 필요한 탑재 연료의 양, 비행기의 무게 등을 결정한다.

비행 계획을 입안한 후에 파일럿은 비행기가 기다리고 있는 스폿으로 향한다. 비행기의 주기장(駐機場)을 에이프런이라고 하며 에이프런을 세분화한 비행기 1대분의 주기 장소가 스폿이다. 에이프런을 램프, 스폿을 게이트, 베이 혹은 스탠드 등이라고 부르기도 하며 각각 확실한 명칭이 아니라 혼용되어 있는 것 같다.

스폿에 도착한 파일럿은 정비사로부터 비행기의 정비 상황에 대해 자세한 설명을 듣는다. 그 내용은 설령 작은 스위치를 하나 교환한 것이라도 왜 교환했는지, 그 결과 어떻게 됐는지 등 세부에 걸쳐 설명을 듣는다. 그런 설명이 비행 중에 불량이 생긴 경우 적절한 판단과 대처할 때 큰 도움이 되는 경우가 있기 때문이다.

그리고 스폿의 위치를 위도, 경도의 형태로 관성 항법 장치의 컴퓨터에 입력해야 한다. 관성 항법 장치를 자립시킬 필요가 있기 때문이다. 여담이지만 영국에서는 같은 공항 내에서도 장소가 조금 다를 뿐인데 동경이 되는 경우와 서경이 되는 경우가 있다. 영국(그리니치 천문대)에서 기준으로 하는 자오선이 시작한 역사를 실감케 한다.

비행 준비 ①

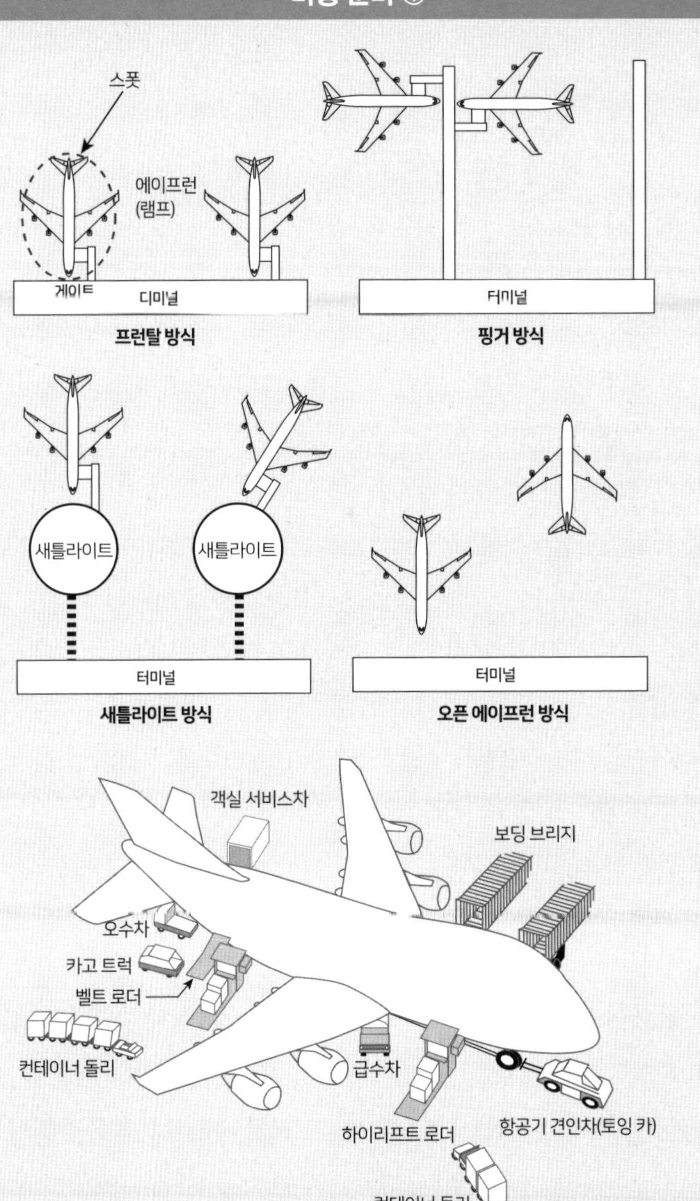
스폿
에이프런
(램프)
게이트
터미널
프런탈 방식
터미널
핑거 방식
새틀라이트
새틀라이트
터미널
새틀라이트 방식
터미널
오픈 에이프런 방식
객실 서비스차
보딩 브리지
오수차
카고 트럭
벨트 로더
컨테이너 돌리
급수차
하이리프트 로더
항공기 견인차(토잉 카)
컨테이너 돌리

56 비행 준비 ②

출발 준비 완료까지

앞에서 살펴본 바와 같이 관성 항법 장치는 자이로와 가속도계를 함께 이용해서 최초에 있던 자신의 위치에서 얼마큼 이동했는지 누구의 도움도 빌리지 않고 알 수 있는 장치이다.

최초에 있는 위치, 다시 말해 자신이 지금 주기하고 있는 스폿의 위도와 경도를 항법 장치가 가속도를 느끼기 전에 컴퓨터가 알아야 한다. 그리고 자신의 위치와 자이로가 지구의 자전을 감지해서 기준이 되는 진북을 구할 수 있다. 그러면 새틀라이트에서도 파일럿이 회중전등을 한손에 쥐고 점보기의 주위를 점검(항공계에서는 외부 점검 등이라고 한다)하고 있는 모습을 자주 볼 수 있다. 이것은 정비사의 점검에 추가해 파일럿의 프리플라이트 체크(Preflight Check)라고 불리는 비행 전 점검으로 비교적 엄중히 수행되고 있다. 그리고 모든 준비가 마무리되면 체크 리스트를 통해서 최종적으로 확인한다.

출발 시각이 다가오면 최종 탑승객 수와 화물 탑재량이 통보된다. 그 무게를 보고 비행기 전체의 무게도 알 수 있으므로 컴퓨터에 입력한다. 그러면 이륙할 때 중요한 이륙 데이터가 산출된다.

이륙 데이터란 플랩의 각도, 이륙에 필요한 추력의 크기를 정확하게 세트하기 위한 엔진 설정 값 그리고 이륙 속도 V1, VR, V2라고 불리는 3가지 속도이다.

V1이란 이륙을 중지할지 계속할지 결정하는 속도, VR은 기수를 일으키는 속도, 그리고 V2는 공중에 떠오르고 나서 안전하게 상승할 수 있는 최소의 속도를 말한다.

비행 준비 ②

현재 위치(출발 게이트)의 위도, 경도를 입력

비행기의 중량을 입력하면 이륙 속도가 표시

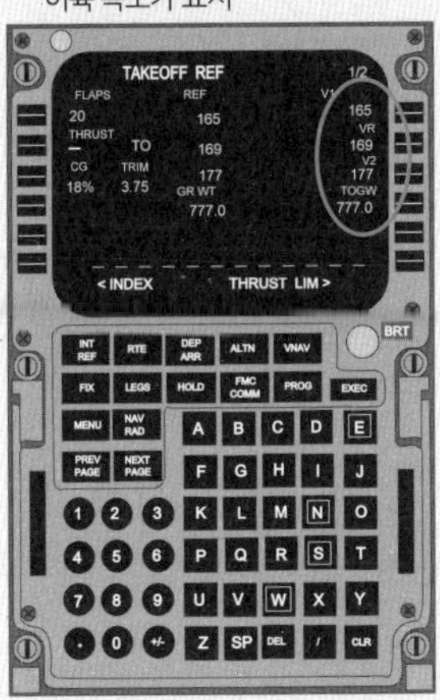

PFD에 이륙 속도 V1, VR, V2가 자동적으로 표시

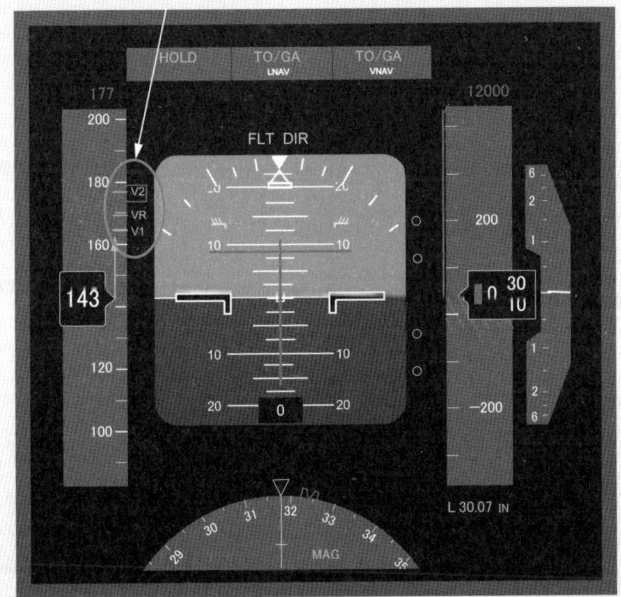

57 마침내 엔진 스타트!

이륙에서 착륙

스타트는 오른쪽 엔진부터

모든 도어가 닫히면 드디어 엔진 스타트이다. 대부분의 비행기는 오른쪽 엔진부터 스타트한다. 일반적으로 비행기는 진행 방향을 향해 왼쪽부터 번호를 매긴다. 오른쪽 엔진부터 스타트를 하는 이유는 왼쪽에서 탑승하기 때문이다. 원칙적으로는 모든 도어가 닫히고 나서 스타트하지만 만약 어떤 이유에서 왼쪽 도어를 연 채 스타트해야 하는 경우를 고려하면 도어에서 가장 멀리 떨어진 엔진부터 스타트하는 것이 안전하기 때문이다.

그러나 반드시 오른쪽부터 스타트하는 것도 아니다. 예를 들면 왼쪽 엔진의 스타터를 교환하고 그 상황을 보려면 왼쪽 엔진부터(물론 모든 도어가 닫히고 나서) 스타트해야 하기도 한다. 또한 에어라인(예를 들면 에어버스 A330을 사용하고 있는 에어라인)에 따라서는 왼쪽 엔진부터 스타트한다.

스타트 전의 체크 리스트를 실시하고 지상에 있는 정비사가 안전하다고 확인되면 스타트를 개시한다. 동체의 상하로 '번쩍' 하고 빨갛게 빛나는 비콘 라이트라 불리는 섬광등이 점등하므로 새틀라이트에서도 스타트 개시를 알 수 있다.

그런데 비행기는 자기 자신의 힘으로 후진하는 것은 기본적으로 불가능하다. 절대로 후진할 수 없는 것은 아니어서 엔진을 역분사하는 것에 의해서 후진하고 자력으로 스폿에서 나오는 에어라인도 있다(외국의 경우). 후진이 불가능한 비행기를 스폿에서 밀어내는 것을 푸시백이라고 하며 그 역할을 하는 것이 토잉 카(견인차)라는 힘센 자동차이다.

푸시 백

관제관 "푸시 백 업 루프. 라인웨이 34L"

조종석 "그라운드-칵핏. 푸시 백을 부탁합니다. 노즈(기수)는 사우스(남쪽). 파킹 브레이크 릴리스합니다"

정비사 "노즈 사우스, 알겠습니다. 파킹 브레이크 릴리스. 푸시 백 개시합니다"

조종석 "No2 엔진 스타트 좋습니까?"

정비사 "No2 엔진 스타트 OK입니다"

조종석 "No1 엔진 스타트 좋습니까?"

정비사 "No1 엔진 스타트 OK입니다"

정비사 "푸시 백 완료했습니다. 파킹 브레이크 온 부탁합니다"

조종석 "알겠습니다. 파킹 브레이크 온. 엔진 스타트, 노멀입니다. 올 그라운드 이퀴프먼트 디스커넥트"

정비사 "알겠습니다. 디스커넥트 완료입니다. 잘 다녀오세요"

58 드디어 이륙

이륙에서 착륙

매우 중요한 '바람 정보'

이륙 준비가 모두 완료되고 관제탑에서 이륙 허가와 바람 정보를 수신했다면 드디어 드넓은 하늘을 향해 출발한다. 바람 정보는 공기를 이용해서 하늘을 나는 비행기의 경우 특히 이착륙 시에는 바람에 매우 민감하기 때문에 중요하다. 순항 중일 때는 대지 속도가 커져서 배풍이 유리하게 작용하지만 이륙 중일 때는 배풍은 반대로 불리하게 작용한다. 특히 국제선과 같이 이륙 중량이 매우 무거울 때는 산들바람 정도의 배풍이 불어도 이륙할 수 없는 일이 있다. 때문에 가능하면 맞바람을 받으며 이륙해야 한다.

바람 정보는 날씨 예보와 같이 '북쪽에서 부는 바람이 다소 강하다'라는 식은 도움이 되지 않는다. '330도부터 5노트(풍속 약 9m)'와 같은 식으로 반드시 바람이 불어오는 방위와 세기 정보가 필요하다. 예를 들면 하네다의 경우 그런 바람이 불고 있을 때는 북향의 '활주로 34'가 사용되고 여름과 같이 남풍이 부는 경우는 '활주로 34'의 반대가 되는 남향의 '활주로 16' 등이 사용된다. 덧붙이면 하네다 공항에는 동서남북 어디에서 바람이 불어도 대응할 수 있도록 총 4개의 활주로가 있다.

한편 활주로 번호는 자(磁) 방위를 기준으로 해서 매긴다. 예를 들어 나리타 공항의 북향 활주로는 자 방위가 337도이므로 우선 10으로 나누고 소수점 이하를 반올림해서 34로 간주한다. 그 반대는 180도를 뺀 16이 된다.

같은 자 방위의 활주로가 2개 나란히 있는 경우에는 '활주로 34R(라이트)', '활주로 34L(레프트)'이라고 불러 구별하고 있다. 여담이지만 나리타 공항의 옛 활주로 자 방위는 333도였기 때문에 활주로 번호는 33이었다.

이륙 속도란

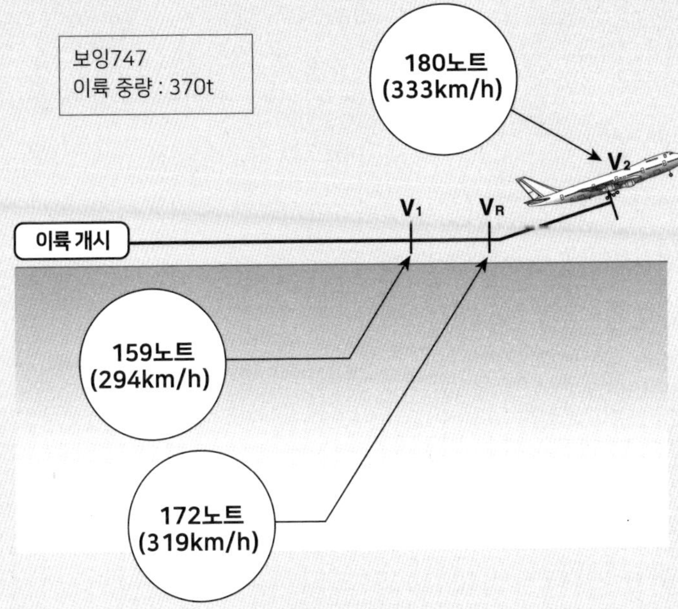

법률상 정의

V1　　가속 정지거리의 범위 내에서 항공기를 정지시키기 위해 이륙 중에 조종사가 하는 최초의 조작(예 : 브레이크 사용, 추력 감소, 스피드 브레이크 전개)을 취할 필요가 있는 속도. 또한 VEF로 임계 발동기가 고장 난 후에 조종사가 이륙을 계속하여 이륙 거리 범위 내에서 이륙에 필요한 높이를 얻을 수 있는 이륙 중의 최소 속도

VEF　　임계 발동기 이륙 시의 고장을 가정했을 때 속도

VR　　로테이션 속도

V2　　안전 이륙 속도

※ 임계 발동기란 어느 임의의 비행 형태에 관해 고장 난 경우 비행성에 가장 유해한 영향을 미치는 하나 이상의 발동기

59 이륙 속도는 실제로 어떻게 사용될까?

3개의 이륙 속도 V1, VR, V2

이륙 허가가 나면 우선 스러스트 레버를 이륙 출력의 70% 정도까지 올려 모든 엔진이 안정됐다면 이륙 추력으로 세트한다. 한 번에 이륙 추력까지 내지 않는 것은 제트 엔진의 특징인 나쁜 가속성 때문이다. 특히 아이들(완속 운전)에서 70% 정도까지의 가속성이 나쁘기 때문에 좌우의 추력이 맞춰지지 않으면 기수가 엉뚱한 방향으로 향할 우려가 있다.

이륙 추력으로 세트하면 신체가 좌석에 꽉 눌려 가속이 시작됐음을 실감할 수 있다. 속도계의 지시가 V1을 초과하면 스러스트 레버에서 손을 뗀다. 그 이유는 엔진이 고장 나도 더 이상 후퇴를 하지 않겠다고 결정했기 때문이다. 반대로 V1에 달하기까지 계속해서 스러스트 레버를 아이들로 하는 준비를 하고 있다. 급정지하려면 우선 스러스트 레버를 아이들까지 잡아당기고 나서 브레이크를 밟는다.

VR로 기수를 일으키면 비행기는 육지에서 멀어져 공중으로 떠오른다. 비행기가 지면에서 멀어져 떠오르는 것을 부양, 영어로는 리프트오프 또는 에어본이라고 한다.

리프트오프해서 다리가 땅에 닿아 있지 않아도 V2를 넘으면 일단 안심이다. 새도 날아오를 때는 필사적으로 날갯짓을 하고 이후 천천히 날갯짓하는 것은 V2에 도달했기 때문일 것이다.

상승을 계속해서 예정한 순항 고도에 달하면 수평 비행으로 이행한다.

그리고 예정한 순항 속도까지 가속하면 상승 추력에서 그 속도를 유지하기 위한 추력으로 자동적으로 세트된다. 이것은 비행 중에 가장 안정된 비행 상태인 순항으로 옮겨갔음을 의미한다.

60 하강 개시와 착륙

착륙에는 힘이 필요하다

비행 계획을 세울 때는 순항 중일 때 얼마나 효율적으로 나는가, 바꾸어 말하면 어느 고도로 어느 정도의 속도로 순항하면 좋을지 순항 방식을 면밀히 검토한다.

왜냐하면 순항 방식에 따라서 소비하는 연료의 양이 크게 달라지기 때문이다. 특히 국제선과 같은 장거리 경우는 더욱 그렇다.

가령 11시간 비행에서 이륙, 상승, 하강, 착륙에 필요한 시간은 합계 1시간 정도, 나머지 10시간은 거의 순항이 차지하고 있다. 10시간의 순항 중에 소비하는 연료는 드럼통으로 환산해서 약 600개라고 가정하면 만약 1%라도 효율적으로 순항할 수 있으면 드럼통 6개의 연료를 절약할 수 있다는 계산이 된다. 물론 단거리의 경우에도 수많은 비행을 생각하면 '티끌 모아 태산'이라는 말이 중요함을 알 수 있다.

드디어 목적지에 다가오면 긴 순항을 마치고 하강을 개시한다. 하강을 개시하기 전에는 엔진 소리가 갑자기 조용해지는 것에서도 알 수 있듯이 하강 중에 사용하는 추력은 최소의 추력, 즉 아이들이다.

그리고 착륙할 때의 속도는 비행기의 무게를 지탱하는 양력을 얻을 수 있는 속도이므로 그 크기는 착륙할 때의 무게에 따라서 다르다. 일반적인 제트 여객기의 경우는 시속 약 300km 전후이다. 또한 사용하는 추력은 플랩과 랜딩 기어가 나오면 공기의 저항인 항력이 커지므로 하강 시와 달리 아이들은 아니다. 착륙 직전까지 이륙 추력의 70% 전후의 힘을 내고 있다. 또한 착륙할 때는 배풍이 불면 불리해진다. 따라서 이륙 시와 마찬가지로 맞바람을 받으면서 착륙하게 된다.

잠 못들 정도로 재미있는 이야기

비행기

2020. 5. 20. 초 판 1쇄 인쇄
2020. 5. 25. 초 판 1쇄 발행

지은이 | 나카무라 칸지(中村 寛治)
감 역 | 남명관
옮긴이 | 김정아
펴낸이 | 이종춘
펴낸곳 | BM (주)도서출판 **성안당**
주소 | 04032 서울시 마포구 양화로 127 첨단빌딩 3층(출판기획 R&D 센터)
10881 경기도 파주시 문발로 112 출판문화정보산업단지(제작 및 물류)
전화 | 02) 3142-0036
031) 950-6300
팩스 | 031) 955-0510
등록 | 1973. 2. 1. 제406-2005-000046호
출판사 홈페이지 | **www.cyber.co.kr**
ISBN | 978-89-315-8882-8 (13550)
978-89-315-8889-7 (세트)
정가 | 9,800원

이 책을 만든 사람들
책임 | 최옥현
진행 | 김혜숙, 최동진
본문 · 표지 디자인 | 이대범
홍보 | 김계향, 유미나
국제부 | 이선민, 조혜란, 김혜숙
마케팅 | 구본철, 차정욱, 나진호, 이동후, 강호묵
제작 | 김유석